本书承蒙四川美术学院设计学一流学科建设基金支持

Public-Service Space Design of
Overlarge Convention
and Exhibition Centers in Germany

德国特大型会展建筑
公共服务空间设计

赵一舟 杨 路 著

中国城市出版社

图书在版编目（CIP）数据

德国特大型会展建筑公共服务空间设计 = Public-
Service Space Design of Overlarge Convention and
Exhibition Centers in Germany / 赵一舟，杨路著 . --
北京：中国城市出版社，2025.3
ISBN 978-7-5074-3246-6

Ⅰ . ①德… Ⅱ . ①赵… ②杨… Ⅲ . ①展览馆－建筑
设计－研究－德国 Ⅳ . ① TU242.5

中国版本图书馆 CIP 数据核字（2019）第 275359 号

　　特大型会展建筑是当代会展业迅猛发展的直接产物，标志着会展建筑演进的新纪元，其独特且复杂的功能系统与空间结构，体现出对既往会展建筑的显著超越。德国作为世界之首的会展业强国，近20年来相继扩建和新建了一批超大规模、超高标准的会展场馆，并十分重视其公共服务空间在功能配置、空间组织、设施升级及品质营造等方面的综合建设，成为行业典范。本书通过对德国特大型会展建筑的文献研究与实地调研，选取规模前列的五个典型实例进行专题解析：以其公共服务空间为研究对象，基于人文关怀和特大型会展建筑特征，剖析其公共服务空间的功能单元模式与空间组合模式，并对各案例公共服务空间的总体布局、系统组织、品质营造等进行综合解析，进而归纳其先进理念、成熟经验和有益方法，以期为特大型会展建筑公共服务空间设计提供参考模式与方法支持，促进特大型会展建筑和当代会展业的长足发展。

责任编辑：杨　晓　唐　旭
书籍设计：锋尚设计
责任校对：赵　菲

德国特大型会展建筑公共服务空间设计
Public-Service Space Design of Overlarge Convention and Exhibition Centers in Germany
赵一舟　杨　路　著

*

中国城市出版社出版、发行（北京海淀三里河路9号）
各地新华书店、建筑书店经销
北京锋尚制版有限公司制版
北京中科印刷有限公司印刷

*

开本：787毫米×1092毫米　1/16　印张：10½　字数：229千字
2025年3月第一版　　2025年3月第一次印刷
定价：**58.00**元

ISBN 978-7-5074-3246-6
（904233）

前　言

当代会展业的发展水平和会展活动的运作方式，带来了诸多会展建筑设计的变革，为满足会展经济和展会效益的发展需求，规模扩大化、功能空间复杂化已是当代会展建筑发展的显著趋势之一，进而催生了新型特大型会展场馆的涌现，特大型会展建筑在满足当代会展业各方面现代化发展的同时，也面临建筑尺度、空间组织、使用评价等方面的挑战。本书侧重公共服务空间，通过实地调研与综合分析世界会展领军者——德国及其特大型会展建筑案例，旨在研究如何营造良好的特大型会展建筑公共服务空间系统，补充特大型会展建筑的专题研究、地区研究和基础性资料，进而为合理构建特大型会展建筑公共服务空间系统并提升建筑整体空间品质和运营效率提供有益参考。

德国特大型会展建筑公共服务空间系统在功能上，以服务人、服务会展建筑、服务会展行业以及服务社会为目的，具有科学的专业性与综合性，形成了多元化和复合化的功能组成；在空间上，以层级化、多样化和组合化为原则，以入口大厅、主通道、展厅、室外庭院及室外广场为核心，通过不同的组合形式构建了尺度适宜、层级清晰、变化丰富的空间结构；在系统上，以协同化、人本化和可持续化为指导，辅以细致周到的公共服务设施和舒适宜人的景观环境，营造了具有开放性、整体性、人文性、可持续性和公众认同感的场所氛围。以良好的公共服务空间为依托的德国特大型会展建筑已成为世界范围内建筑设计与会展行业的典范，也是德国特大型会展建筑能够举办诸多国际大型会展，在世界范围内吸引大量观众参展的重要因素，并使会展成为德国民众日常工作和生活不可或缺的组成部分。

当代特大型会展建筑设计研究是一个庞大的系统课题，本书侧重于公共服务空间，从人本视角综合分析了德国特大型会展建筑公共服务空间的功能单元模式、空间组合模式以及各案例的系统组织模式，还有很多与公共服务系统相关的问题和方面值得深入探讨。简言之，特大型会展建筑已成为涉及会展学、建筑学、社会学等多学科并影响区域发展的重要方面。在理性、科学的思维及理论指导下，对其进行系统化研究，是建筑学及跨学科专业在当代面临的一项新的重要课题，有待社会各方在研究与实践中不断总结和思考。

目 录

第 1 章

德国特大型
会展建筑概述

1.1 基本概念与范畴界定

1.1.1 概念释义

1. 会展（MICE）

广义的会展是会议、展览、大型活动等集体性活动的简称，国际上通常称为MICE（Meeting, Incentive tour, Conventions, Exhibition and Events）。其内涵为在一定地域空间，许多人聚集在一起形成的、定期或不定期、制度或非制度的传递和交流信息的群众性社会活动。其外延包括各种类型的博览会、展览展销活动、大型会议、体育竞技运动、文化活动、节庆活动等。

狭义的会展通常专指会议和展览，被称为M&E（Meeting and Exposition）或C&E（Convention and Exposition）。在德国，会展的专用词为"Messe"。

2. 会展建筑（Convention and Exhibition Center）

会展建筑是指以展览空间为核心，会议空间作为相对独立的组成部分，并结合其他辅助功能空间（包括办公、餐饮、休憩等）的大型博览类建筑综合体。不同于一般的展览中心或会议中心，会展建筑通常特指专为会展行业服务、主要用以举办各类商贸展会活动的建筑或建筑群（图1-1）。当代会展建筑是以展览和会议为核心，融合了餐饮娱乐、信息咨询、综合商务等配套公共服务功能的大型建筑综合体，其职能以服务现代会展业为主，具有特殊的经济和社会属性。

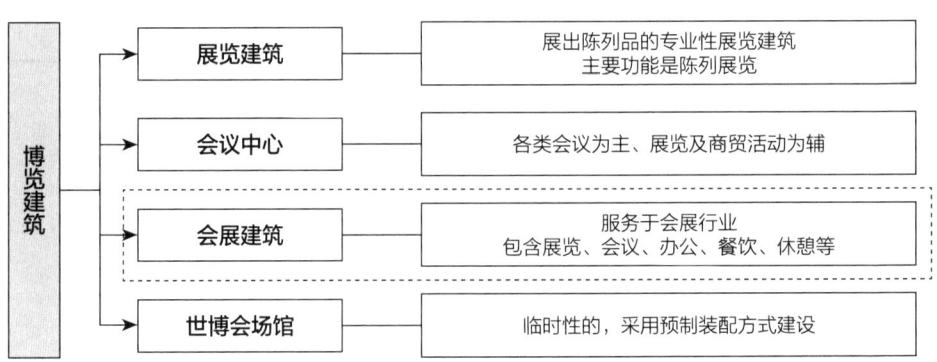

图1-1 会展建筑类型界定

3. 特大型会展建筑（Overlarge Convention and Exhibition Center）

20世纪末以来，随着会展业的高速发展，会展活动规模不断增长，涌现了现代化大型会展中心的建设高潮，特大型会展建筑的建设也主要始于这一时期。在建筑领域，目前对会展建筑这一较新兴的建筑类型及规模划分尚缺乏明确的规范界定，基本是沿用展览建筑的标准，按基地内的总展览面积进行级别划分，如表1-1所示。特大型会展建筑指总展览面积大于10万m²，以举办大规模会展活动为主的会展综合体或会展建筑群，其在建筑布局、功能设置、空间尺度、结构选型等方面都与传统展览及会展建筑有诸多区别，具体特征对比如表1-2所示。

展览建筑规模　　　　　　　　　　　　　　　　　　　　　　表1-1

建筑规模	总展览面积S（m²）
特大型	$S>100000$
大型	$30000<S\leqslant100000$
中型	$10000<S\leqslant30000$
小型	$S\leqslant10000$

（来源：国家行业标准《展览建筑设计规范》JGJ 218—2010）

特大型会展建筑与传统展览建筑、会展建筑特征对比　　　表1-2

建筑类型	展览建筑	会展建筑	特大型会展建筑
建筑规模	规模较小	规模较大	规模超大
总体布局	集中式或独栋式	集中式或分散式	分散式为主，集中式为辅
建筑层数	双层或多层	单层、双层或多层	单层、双层，极少量多层
主要功能	展览为主，少量餐饮、会议、商业等	展览、会议为主，兼有多种配套服务	展览、会议为主，餐饮、商业、旅游等综合服务多元配置
空间尺度	普通展示空间为主，少量大跨或拱顶空间	大空间为主	超大空间为主
建筑结构	钢筋混凝土结构、薄壳结构、拱结构、框架结构等	钢结构、框架结构等	多种大跨结构

（来源：根据《建筑设计资料集》整理绘制）

4. 公共服务空间（Public Service Space）

公共服务空间是为观众提供商务、购物、休息、娱乐、交通等配套服务的区域，一般包括展览区、观众服务区、库房区、办公后勤区。其中，观众服务区包括传达室、售票室、门厅、小卖部、走道、楼梯、休息室、接待室、贵宾室、会议室（洽谈室）、急救室、餐馆、厕所、邮局、广场等❶。

本书讨论的是综合展览建筑公共服务空间的定义，特指在会展建筑中为主体（以参展人为主）提供公共服务功能的公共空间，包括多个功能单元和不同功能空间的组合，具体功能系统与类型界定详见2.1节。

1.1.2 范畴界定

本书是针对德国特大型会展建筑公共服务空间设计的系统介绍，其内容解析与案例选取包括以下三方面界定：

（1）规模界定：建筑规模是衡量一个会展场馆的重要指标，本书的案例选取限定在室内总展览面积大于10万m²的特大型会展建筑。

（2）时空界定：以20世纪末以后在德国境内建成的特大型会展场馆为主。德国在20世纪末以后扩建和新建了一批规模庞大的现代化会展场馆，形成了一批具有先进设计理念和方法的特大型会展建筑综合体，且这一时期世界经济结构发生重大变化，与之密切相关的会展建筑高速发展，呈现出新的设计趋势，研究这一时期的德国会展建筑具有特殊价值和现实意义。

（3）专题界定：特大型会展建筑规模庞大、功能复杂，公共服务空间成为日益重要的组成部分，本书将针对公共服务空间设计开展专题解析。

1.2 世界当代会展业及会展建筑发展概述

1.2.1 当代会展业特征

当代会展业作为一种独立产业，通过现场集聚式展销，为供需各方提供全方位、立体化、多层次的资源信息、合作渠道、创新产品等，在特定时期、特定空间实现资源优化配置和需求高效化满足。当代展会类型与内容繁多，包括综合展会、贸易展会、专业展会等，与日常生活、社会发展诸多方面密切关联，有助于促进经济增长、科技进步和社会繁荣。

---

❶ 详见《建筑设计资料集（第二版）》第四册，第138页，展览馆组成列表。

1.　当代会展与经济发展

从工业社会到信息社会，世界经济和各国经济都发生了深刻的变化，城市进入现代化发展阶段，会展活动成为经济发展必不可少的一部分。当代会展业的产业化规模日益发展，已逐渐形成一种独立经济模式，在知识经济和资本经济双重特征的引领下，会展经济具有比传统经济形式更为多元的主体、更为强大的产业关联度及更为广泛的效益传播度。会展经济伴随着展览、会议等商贸活动，涉及领域愈加广泛，在发展自身产业的同时可有效带动相关产业的兴盛，从而推动区域、城市乃至全球经济的高速发展。

2.　当代会展与社会发展

会展业对社会发展所具有的强劲推动力和广泛辐射力使其已成为各国综合国力的重要指标。当代会展活动向参展主体传递丰富的社会资讯，吸收、引进外来优秀成果，宣扬区域社会形象，充分体现展会活动及社会公共服务活动的开放性与进步性，并在会展整体产业的带动下，促进相应的劳动就业与相关配套行业发展，进而推动区域及城市整体社会影响力的提升。

3.　当代会展与文化、科技发展

当代会展内容和类型繁多，其国际性和综合性也日趋显著，一些著名的大型品牌展会往往是云集世界范围内新文化、新科技、新产品和新概念的大型交流平台，为不同国家、城市、行业及民众之间提供广泛且深入的信息互通机会，成为涉及科技、文化等不同领域传播的重要渠道，以及世界科技进步、文化发展的重要助推力。

1.2.2　当代会展业的世界格局

从发展区位看，欧洲是世界会展业的发源地，经过150多年的历程积累，在世界范围内整体规模最大、实力最强。世界超大规模的会展场馆绝大多数集中在欧洲，已建成的全球特大型展馆中欧洲占比约75%，举办的全球性顶级展会占世界总量的60%以上❶。以美国和加拿大为主的美洲会展业虽起步较晚，但发展迅速且实力不断提升。以澳大利亚为主的大洋洲会展业水平仅次于欧美。非洲的会展业以南非和埃及为核心，进而带动周边区域协同发展。亚洲会展业的规模和水平近年也在高速提升，现仅次于欧美，其中中国、日本、新加坡都拥有突出的发展市场与潜力。

从国家实力看，评定各个国家的会展业综合实力主要依据展馆、会展和展商三个维度

---

❶ 数据来源：根据德国AUMA统计数据计算。

的重要指标❶。在展馆方面，根据世界最具竞争力场馆展能面积拥有量排序，会展大国依次为德国、意大利、美国、中国、西班牙、法国、俄罗斯、英国、瑞士、泰国（表1-3）。在会展方面，百强商展拥有量和展出面积排序依次为德国、中国、意大利、法国、美国、瑞士、俄罗斯、西班牙（表1-4）。在展商方面，全球组展商27强国家排序依次为英国、德国、法国、瑞士、意大利、荷兰、中国、日本、美国、西班牙（表1-5）。综合上述三个维度，主要提及的11个国家均为世界会展业格局中的重要成员。其中，德国会展实力遥遥领先，意大利、法国、英国、美国会展业综合实力雄厚，西班牙、瑞士、荷兰会展业基础稳定且实力均衡，中国、俄罗斯、泰国会展业新兴且发展迅猛。

全球顶级场馆国家排序（前十位）

表1-3

排名	国家	在50强展馆中占有总数（个）	展出面积（万m²）	占比（%）	本国场馆占比（%）
1	德国	10	229.45	28	70.2
2	意大利	7	100.59	12.3	48
3	美国	6	97.4	11.9	15.2
4	中国	9	89.35	10.9	26.8
5	西班牙	5	85.4	10.4	54.3
6	法国	3	57.1	7	26.9
7	俄罗斯	2	35.9	4.4	36.6
8	英国	2	30.2	3.7	30.9
9	瑞士	2	26.4	3.2	13.1
10	泰国	1	14	1.7	11.9

（来源：德国AUMA数据及各场馆资料整理绘制）

世界商展百强国家排序

表1-4

排名	国家	在百强商展中占有总数（个）	展出总面积（万m²）	占比（%）
1	德国	54	1091.48	56.5
2	中国	18	297.40	15.4

❶ 参见张敏. 中外会展业动态评估年度报告（2012）[M]. 北京: 社会科学文献出版社, 2013: 43-45. 会展国力界定: 在会展业内部要素中，展馆、会展和展商是最重要的三项评价指标，因为一次会展活动的策划举办，至少要有一定的场所（物理空间），要有一定的主题，要有一定的人、机构或企业来组织，三者缺一不可。

排名	国家	在百强商展中占有总数（个）	展出总面积（万m²）	占比（%）
3	意大利	12	237.55	12.3
4	法国	7	141.63	7.3
5	美国	4	81.09	4.2
6	瑞士	2	30.00	1.6
7	俄罗斯	2	27.30	1.4
8	西班牙	1	24.00	1.2

（来源：进出口经理人杂志社发布的世界商展100大排行榜数据整理绘制，数据截至2019年）

全球组展商27强按国别排序　　　　　　　　　　　　　　　　表1-5

排名	国家	总营业额（亿欧元）	占比（%）
1	英国	23.86	31.9
2	德国	22.95	30.7
3	法国	12.24	16.4
4	瑞士	3.85	5.2
5	意大利	3.68	4.9
6	荷兰	2.56	3.4
7	中国	1.63	2.2
8	日本	1.40	1.9
9	美国	1.33	1.8
10	西班牙	1.18	1.6

（来源：德国AUMA数据整理绘制）

1.2.3　当代会展建筑发展现状与趋势

会展建筑随着会展业的发展而发展，以行业需求为核心形成一种超越传统展览建筑的新型建筑综合体，并成为城市建设和区域发展的重要组成部分。

伴随当代会展业和会展活动的跨越性变革，相应地要求会展场馆必须具备良好的交通条件、先进的基础设施、齐全的配套服务、充足的展览空间、完善的功能设置以及优质的公共服务体系，由此催生了新型现代化大规模会展建筑及会展建筑群，其发展现状与趋势主要体现在三个层面。

1. 总体规模显著扩大，形成特大型会展建筑

一方面，会展场馆的总建筑面积由以往的几千平方米跃至数万平方米，一些具有国际影响力的会展建筑总面积甚至达上百万平方米。同时，当代会展建筑的占地面积也逐渐扩大，可高达上百万平方米，且为未来扩建预留了规模可观的发展用地，以此应对会展活动和展出规模的急剧增长趋势，其所具有的超大场地尺度和空间体量尺度，也影响着所在片区内城市空间形态的构成。另一方面，场馆的单座展厅面积也呈现增长态势，一些超大型会展建筑的单个展厅面积达上万平方米，不仅可以满足超大规模的产品展示要求，还能承办各种大型公共活动，在特定时期内满足大量人流、物流、信息流的高效运转需求。

2. 建筑功能更为多元，形成会展综合体

随着会展活动的日益丰富，当代会展建筑形成一种集展览、会议、商务、餐饮、购物、休闲等一系列功能复合叠加的建筑综合体或建筑组团，更多的复合化功能空间及多元化配套功能设施不断融入，以期为展会构建先进、完善、高效的举办平台，形成更为可观的综合效益。

3. 综合影响日益增强，形成会展中心城市

在会展业发展的带动下，许多城市以特大型会展建筑为依托，以其国际化场馆建设吸引极具品牌效应的商展，逐步积淀了承办重要会展的雄厚实力和带动城市经济高效发展的巨大助推力，由此形成了一批具有国际影响力的会展中心城市，如德国的汉诺威、法兰克福、科隆、杜塞尔多夫、慕尼黑、莱比锡等（表1-6）。

全球会展城市一览表　　　　　　　　　　　　表1-6

地区	国家	城市
欧洲（34个）	德国（10个）	柏林、杜塞尔多夫、法兰克福、汉诺威、科隆、慕尼黑、纽伦堡、埃森、莱比锡、斯图加特
	意大利（7个）	博洛尼亚、米兰、维罗纳、里米尼、罗马、帕尔马、巴里
	西班牙（4个）	巴塞罗那、毕尔巴鄂、马德里、瓦伦西亚
	英国（3个）	伯明翰、伦敦、范堡罗
	法国（2个）	巴黎、里昂
	荷兰（2个）	乌得勒支、阿姆斯特丹
	瑞士（2个）	巴塞尔、日内瓦
	俄罗斯（1个）	莫斯科
	比利时（1个）	布鲁塞尔

地区	国家	城市
欧洲（34个）	波兰（1个）	波兹南
	捷克（1个）	布尔诺
亚洲（10个）	中国（7个）	北京、上海、广州、香港、南京、沈阳、深圳
	日本（1个）	东京
	新加坡（1个）	新加坡
	泰国（1个）	曼谷
北美（7个）	美国（7个）	拉斯维加斯、芝加哥、纽约、亚特兰大、休斯敦、新奥尔良、奥兰多

（来源：张敏. 中外会展业动态评估年度报告（2012）[M]. 北京：社会科学文献出版社，2013：61.）

据统计（见附录B），世界特大型场馆在欧洲最为集中，共拥有35个特大型会展场馆。就国别而言，德国、意大利、美国、中国、西班牙拥有的总展览面积占到了总量的70%以上。在全球会展场馆50强中，德国以11个场馆位居第一，总面积占比约30%。在世界十大顶级场馆中，德国拥有4个，包括位列第二的汉诺威会展中心，位列第三的法兰克福会展中心，位列第六的科隆会展中心和位列第七的杜塞尔多夫会展中心，展出总面积达136万m^2，占比近50%。由此可见，欧洲，特别是德国的会展建筑发展位于世界前列，德国特大型会展建筑的建设及运营更具有国际领先优势。

1.3 德国特大型会展建筑发展综述

1.3.1 德国特大型会展业发展特征

1. 德国会展业的发展历程是特大型会展建筑发展的重要基础

地处欧洲中部的便利交通条件，贸易展览的悠久历史，以及重要工业国的基础共同造就了德国会展业强国的优势地位。迄今为止，德国的会展业已有逾800年的历史，虽经历战争起伏，但在战后，德国现代会展业不断蓬勃发展，逐渐拥有众多国际知名的会展城市、会展场馆及运营公司、大量相关的服务机构以及规范严密的行业协会。

德国的展览业可追溯到13世纪，从集市贸易发展而来。德国于1895年春在莱比锡举办的首次样品展销会被公认为现代展会的开端；在1900年前后，德国的一些城市边缘出现了与轨道交通相连的大型独立展厅；到20世纪初期，一些较发达的城市建造了早期用于商贸展销的老式会展建筑，如科隆早期建设完成的小进深、院落式的科隆老会展中心；第二次世界大战后，德国许多展览场地在遭到破坏后开始重建；1947年，德国在汉诺威郊区举办了战后的首次商贸展会，此后，法兰克福、慕尼黑、杜塞尔多夫等地纷纷开始建设会展场馆。近年来，为适应德国会展业的快速发展，许多场馆进行了改扩建，如杜塞尔多夫会展中心、柏林会展中心、汉诺威会展中心、法兰克福会展中心等，同时也在不同地区建设新的大型会展建筑，如慕尼黑、斯图加特会展中心等。20世纪末以后的德国会展建筑在规模扩大的同时，更加注重超大尺度下的以人为本和可持续设计，追求生态化、自然化、人性化的会展功能空间设计。

现今，德国被公认为是世界会展业的龙头，其会展业也成为本国经济体中最重要的服务产业部门之一。根据德国展览业协会（简称AUMA）显示的2005~2008年德国会展经济调查数据显示，参展商对德国展会经济的年均贡献为78亿欧元，参展观众的年均贡献为38亿欧元，每年德国的会展活动直接推动其国家经济增长达235亿欧元，并提供22.6万个全职岗位（图1-2）。

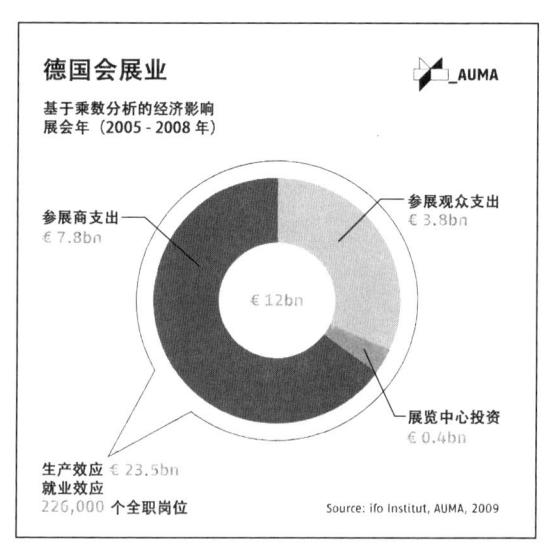

图1-2　德国会展业情况统计
（来源：德国AUMA）

2. 德国会展业的实力优势是特大型会展建筑发展的有力支撑

在全球会展业格局中，德国高品质、高水平、高素质的顶级展馆、会展、展商为一体，与其强大的经济贸易和制造业实力共同奠定了其全球第一会展强国的稳固地位。

从展馆建设维度看，德国整体呈现数量多、规模大、设施全、标准高的特征。德国23个至少举办了一次国际和国内活动的会展场馆中，可用于举办国际性交易会和展会的展厅总计达275万m²，其中，10个场馆室内总展览面积超过10万m²[1]（表1-7）。不仅如此，德国入选全球展馆50强的会展建筑在本国会展建筑中的占比高达70%以上，是直接体现德国会展场馆竞争力水准和质量的重要保证。

---

[1] 数据来源：德国AUMA, *German Trade Fair Industry: Review 2018*。

德国会展场馆展览总面积排序　　　　　　　　表1-7

排序	会展场馆地点	室内总展览面积（万m²）	室外总展览面积（万m²）	总展览面积（万m²）
1	汉诺威，Hannover	44.8900	5.8070	50.6970
2	法兰克福，Frankfurt/M.	35.8913	9.6078	45.4991
3	科隆，Cologne	28.4000	10.0000	38.4000
4	杜塞尔多夫，Duesseldorf	26.2407	4.3000	30.5407
5	慕尼黑，Munich（Exh.Center）	18.0000	42.5000	60.5000
6	纽伦堡，Nuremberg	17.0000	5.0000	22.0000
7	柏林，Berlin-Expo Center City	15.8000	10.0000	25.8000
8	莱比锡，Leipzig	11.1300	7.0000	18.1300
9	埃森，Essen	11.0000	2.0000	13.0000
10	斯图加特，Stuttgart	10.5200	4.0000	14.5200
11	汉堡，Hamburg	8.6465	1.0000	9.6465
12	腓特烈港，Friedrichshafen	8.6200	1.5160	10.1360
13	巴特萨尔佐弗伦，Bad Salzuflen	7.7500	0.4000	8.1500
14	多特蒙德，Dortmund	5.9735	—	5.9735
15	卡尔斯鲁厄，Karlsruhe（New Exh. Center）	5.2000	6.2000	11.4000
16	奥格斯堡，Augsburg	4.8000	1.0000	5.8000
17	不莱梅，Bremen	3.9000	10.0000	13.9000
18	慕尼黑，Munich（M.O.C）	2.9225	—	2.9225
19	萨尔布吕肯，Saarbrucken	2.4600	2.7400	5.2000
20	奥芬堡，Offenburg	2.2570	3.7877	6.0447
21	佛莱堡，Freiburg	2.1500	8.0000	10.1500
22	奥芬巴赫，Offenbach	2.1000	—	2.1000
23	柏林机场，Berlin-Expo Center Airport	2.0000	5.7000	7.7000

（来源：德国AUMA统计数据整理绘制）

　　从会展品质维度看，全球超60%的世界级重要展会在德国举办，其会展水平、活动质量及品牌效益等方面都呈现显著优势。世界商展百强中，德国入选54个，展出面积1091.48万m²，占比近60%[1]，形成了汉诺威工业博览会（Hannover Messe）、法兰克福国

---

[1] 数据来源：根据进出口经理人杂志发布的2013年世界商展100大排行榜统计数据计算。

际汽车博览会（IAA）、科隆世界食品展等多项世界著名的品牌展会，从展览主题、媒体宣传、场馆设计、布展理念、会展logo、公众服务等诸多方面都体现着会展产业在精神、理念、价值上的多元文化内涵，也是德国成为世界范围内会展龙头的核心因素之一。

从展商实力维度看，德国会展企业实力雄厚，其会展公司在2009～2013年营业额保持在26亿欧元以上，并在2012年达34亿欧元（图1-3）。在世界27家顶级组展商中，德国独占8家，其中5家位列前十，依次是法兰克福展览公司、慕尼黑国际展览集团、杜塞尔多夫展览有限公司、汉诺威展览公司、科隆展览公司（表1-8）。不仅在德国境内，德国会展企业每年在海外重要的经济发达地区举办超过250场展会❶。

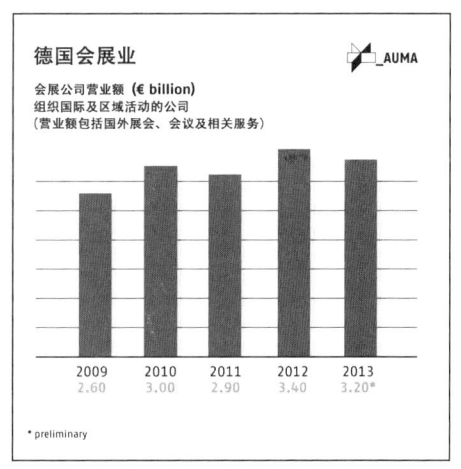

图1-3　德国会展公司年营业额
（来源：德国AUMA）

2011～2013年全球组展商总营业额27强排序　　　表1-8

（单位：百万欧元）

	国家	公司名称	2013年	2012年	2011年
1	英国	Reed Exhibitions｜励展博览集团	1017.0	1051.0	813.0
2	法国	GL Events｜智奥会展公司	809.1	824.2	782.7
3	英国	United Business Media｜博闻集团	546.0	538.9	475.3
4	德国	Messe Frankfurt｜法兰克福展览公司	544.8	536.9	467.5
5	瑞士	MCH Group｜MCH集团	385.5	323.1	266.4
6	德国	Messe München｜慕尼黑国际展览集团	353.0	298.4	222.5
7	德国	Messe Düsseldorf｜杜塞尔多夫展览有限公司	323.0	380.5	372.7
8	德国	Deutsche Messe AG｜汉诺威展览公司	312.0	251.3	292.8
9	法国	VIRARIS｜巴黎北维勒班特会展中心公司	297.4	327.6	299.9
10	德国	Koelnmesse｜科隆展览公司	280.6	227.4	235.3
11	意大利	Fiera Milano｜米兰国际博览集团	258.1	263.4	278.0
12	英国	ITE Group｜英国国际贸易与展览集团	229.4	216.5	180.5
13	英国	Informa｜英富曼会展集团	196.0	179.0	158.3
14	德国	NürnbergMesse｜纽伦堡展览公司	192.8	236.0	173.3

❶ 数据来源：德国AUMA统计数据。

	国家	公司名称	2013年	2012年	2011年
15	德国	Messe Berlin｜柏林展览公司	190.0	246.8	182.1
16	中国	HKTDC｜香港贸发局	163.4	155.7	141.6
17	英国	NEC Birmingham｜伯明翰国家会展中心公司	148.6	133.0	160.0
18	英国	i2i Events Group｜博势会展服务有限公司	145.4	124.3	111.1
19	荷兰	Jaarbeurs Utrecht｜乌得勒支展览中心公司	140.0	149.2	152.9
20	日本	Tokyo Big Sight｜东京国际展示场	140.8	176.1	194.7
21	美国	Emerald Expositions｜NBM媒体公司	132.9	138.4	138.2
22	西班牙	Fira Barcelona｜巴塞罗那会展中心公司	117.8	115.1	114.7
23	法国	Comexposium｜爱博展览公司	117.5	145.8	201.2
24	荷兰	Amsterdam RAI｜阿姆斯特丹RAI国际会展中心公司	116.6	134.7	133.9
25	意大利	BolognaFiere｜博洛尼亚展览集团	109.9	114.0	101.4
26	英国	dmg::events｜德玛吉世界媒体公司	103.8	111.8	153.2
27	德国	Landesmesse Stuttgart｜斯图加特展览公司	98.8	129.0	99.0

（来源：德国AUMA统计数据整理绘制）

此外，依托先进的会展业和会展场馆，德国形成了稳固占据国际会展舞台的会展中心城市，注重实现会展与城市的互惠共赢。在全球排名前20的国际会展一线城市中，德国占7个，包括汉诺威、法兰克福、杜塞尔多夫、科隆、柏林、慕尼黑、纽伦堡。其中，汉诺威被称为"国际会展之都"。

综上，在世界范围，德国会展业可谓一枝独秀，其在展馆建设水平、展会规模与质量、展商综合实力、专业观众规模等方面的综合优势十分凸显，牢牢占据着全球会展之首的地位。不仅如此，在长期的会展运营实践中，德国会展业积累了丰富的经验和良好的国际声誉，形成了全球领先的会展理念、体制机制、会展品牌，以及健全的会展教育体系和专业素质良好的会展人才，这些都是德国会展业继续保持领先优势的有力保障。

1.3.2　德国特大型会展建筑发展现状与趋势

德国在过去20年间扩建、重建及新建了一批数量可观的会展中心，其总展能一直稳定保持高水准（图1-4），年均参展人数规模也不断增加，并在近年来达千万以上（图1-5）。德国AUMA委托德国艾曼尼德民意调查机构（TNS Emnid）对500家参展企业实施民意调查，结果显示，展会是一种重要的营销沟通手段，只有企业官网（89%）一种方式排在展会（83%）之前（图1-6）。由此可见，会展业在德国已成为日常公共活动的重要部分，成为民众认知不同领域、了解社会动态，以及满足生活、工作、学习等方面不同需要的有效途径。2010～2014年，德国投入大量资金用于会展场馆的整修和现代化改造，目前，已拥有10个特大型会展建筑，北部有汉诺威会展中心；中南部有慕尼黑会展中心、斯图加特会展中心、纽伦堡会展中心；东部有柏林会展中心、莱比锡会展中心；西部有杜塞尔多夫会展中心、科隆会展中心、法兰克福会展中心和埃森会展中心，总展览面积均位于世界前列。

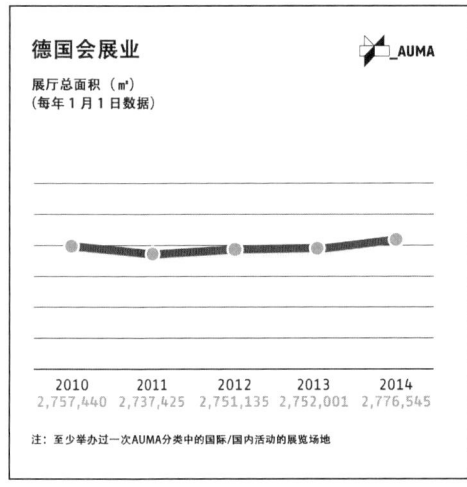

图1-4　2010～2014年德国会展业展能
（来源：德国AUMA）

图1-5　德国会展年均观众总数
（来源：德国AUMA）

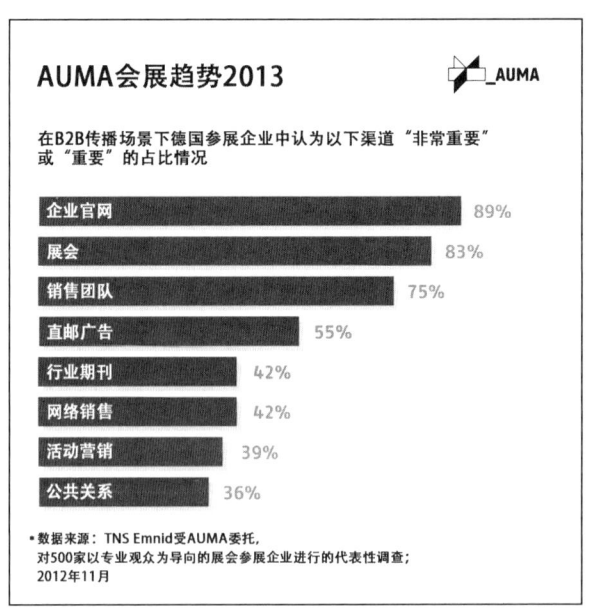

图1-6　德国营销沟通活动民意调查
（来源：德国AUMA）

1.4 德国典型特大型会展建筑概况

本书选取总建筑规模在德国排名前五的特大型会展建筑进行实地调研和案例解析，依次为汉诺威会展中心（Hannover Messe/Hannover Exhibition Grounds）、法兰克福会展中心（Messe Frankfurt/Frankfurt Main Exhibition Grounds）、科隆会展中心（Koelnmesse/Cologne Exhibition Grounds）、杜塞尔多夫会展中心（Messe Düsseldorf/Düsseldorf Exhibition Grounds），以及慕尼黑会展中心（Messe München International/Munich Exhibition Grounds）。根据实地调研时间和2014年数据统计，这五大场馆分别位列世界特大型会展建筑规模排名的第2、3、6、7、19位，案例综合性强，其特点和模式也更具典型性和参考性。同时，这五个德国特大型会展建筑的区位背景及分布均好，建设时期涵盖了早期建设、中期扩建和后期新建等不同阶段，每个案例的规划布局、建设运营以及发展方式各具特色，并依托场馆建设及会展业发展形成了相应的世界级会展城市。因此，本书选取德国这五个代表性特大型会展建筑，基于一手调研资料对其公共服务空间设计进行专题解析，案例详细信息统计如表1-9所示。

五个德国特大型会展建筑基本信息统计　　　　　　　　　表1-9

会展场馆	汉诺威会展中心	法兰克富会展中心	科隆会展中心	杜塞尔多夫会展中心	慕尼黑会展中心
所在城市	汉诺威	法兰克福	科隆	杜塞尔多夫	慕尼黑
建设年代	1947年	1909~1911年	1924年	1971年	1998年
近期扩建时间	1996~2000年	2001~2009年	2006年	2007~2010年	2009年
距市中心距离（km）	6	1	2	4	11
占地面积（万m²）	100	57.8	—	—	73
室内展览面积（万m²）	44.8900	35.8913	28.4000	26.2407	18.0000
室外展览面积（万m²）	5.8070	9.6078	10.0000	4.3000	42.5000
室内总展览规模排名	世界第二德国第一	世界第三德国第二	世界第六德国第三	世界第七德国第四	世界第十九德国第五

展厅数量（个）	27	10	11	17	17
出入口数量（个）	10	6	4	3	4
停车位（万个）	5	2.2	1.5	2.2	1.3
展览公司	汉诺威展览公司	法兰克福展览公司	科隆国际展览公司	杜塞尔多夫展览公司	慕尼黑国际展览集团
成立时间	1947年	1908年	1922年	1947年	1964年
大型品牌展会	CeBIT, Hannover Messe AGRITECHNICA, EMO, LIGNA	IAA, Ambiente, ISH, IFFA	h+h cologne, IDS, ISM, Anuga FoodTec, interzum ImmCologne, LivingKitchen spoga+gafa, spoga horse（autumn）	A+A, GDS, Igedo, BEAUTY, TOP HAIR INTERNATIONAL, CARAVAN SALON, MEDICA, COMPAMED, K-Plastics and rubber	BAU, BAUMA, drinktec, ISPO, IHM, FOOD&LIFE, TRENDSET
参展商（万/年）	2.6	4	4.76	2	3
参观者（万/年）	230	200	220	112	200

（来源：数据源自各场馆及展会资料）

1.4.1　汉诺威会展中心

汉诺威市是德国北部下萨克森州（Niedersachsen）的首府，是德国工业高度发达的城市和重要的经济文化中心，也是中德运河的重要交通枢纽。汉诺威市以举办国际著名展会而享誉全球。

汉诺威会展中心（Hannover Messe/Hannover Exhibition Grounds，图1-7）位于城市近郊，几经扩建和整修，是世界级规模宏大的现代化展会场所，年均容纳约2.6万个参展商和230万名观展者❶。会展中心总占地面积达100万m²，室内总展览面积约44.89万m²，室外展场面积约5.8万m²，包括1万~2万m²的大型展厅27个，以及一个设有30多个功能厅的会议中心。2000年世博会的承办，使其形成了一批特色建筑，如面积达1.6万m²的木构雨棚"EXPO Canopy"、新装修的标志性建筑"Hermes Tower"以及欧洲最大的中央灯柱步行桥"Exponale"等（图1-8）。展场交通便捷，设有欧洲最大的专用客运火

---

❶ 数据来源：汉诺威展览公司官方统计数据。

图1-7　汉诺威会展中心鸟瞰
（来源：汉诺威会展中心官网）

图1-8　汉诺威会展中心2000EXPO总平面图
（来源：德国AS+P规划设计事务所官方网站）

车站和货运站，直通法兰克福、汉诺威和汉堡等城市，多条火车支线通过"空中走廊"连接各展厅。展场入口设置的地铁干线和快速路可通达机场、中央火车站及城市重要交通节点。场地内配备约5万个停车位和一个直升机场。

汉诺威会展中心由汉诺威展览公司经营管理，该公司成立于1947年，以其独特的展会理念和成熟的办展经验，每年在德国举办50多场世界级大型展会，吸引约2.1万个参展商和180多万名观展者。会展中心常年承办众多品牌展会，其中，汉诺威工业博览会（Hannover Messe）是目前世界上最大的品牌展会之一，年均展出面积逾40万m²[2][1]。

1.4.2　法兰克福会展中心

法兰克福市位于德国西部黑森州（Hessen），是德国第五大城市，也是德国第一大金融中心、重要的工商业和交通枢纽，拥有近千年的展会举办历史。

法兰克福会展中心（Messe Frankfurt/ Frankfurt Main Exhibition Grounds，图1-9）坐落于市中心，占地约57.8万m²，室内总展览面积约35.89万m²，室外展场面积约9.6万m²，共有10个主展馆，并配备设施齐备的会议中心和物流中心。会展中心交通便捷，直通机场及高速，城郊轨道列车（S-Bahn）在展馆内也设有车站，紧邻场地入口（City Entrance）分设地铁和有轨电车站点。场地内提供约2.2万个停车位。

图1-9　法兰克福会展中心鸟瞰
（来源：法兰克福会展中心官网）

---

❶ 数据来源：汉诺威米兰展览（中国）有限公司官方统计数据。

法兰克福会展中心由法兰克福展览公司经营管理，每年在德国举办世界级会展超过50个，吸引约4万家参展商和200多万参观者。公司多个旗舰展会闻名世界，如法兰克福汽车展（IAA）、春秋两季消费品展（Ambiente）、图书博览会（Frankfurt Book Fair）等均为世界同类展会中最大的品牌会展。

1.4.3 科隆会展中心

科隆市位于德国西部莱茵河畔北莱茵—威斯特法伦州（Nordrhein-Westfalen），是德国重要的工业城市和金融中心，独特的地理优势也使其成为欧洲重要的水陆空交通枢纽。

科隆会展中心（Koelnmesse/ Cologne Exhibition Grounds，图1-10）位于市中心东北2km区域，毗邻莱茵河，与科隆大教堂隔河相望，被誉为全球最富魅力的会展中心之一。会展中心室内总展览面积约28.4万m²，室外总展览面积达10万m²，共有11个主展馆和德国高标准会议中心。会议中心包括41个不同规模的展室，可容纳近2万人。展场内配备1.5万个停车位，主入口紧邻城市轨道交通站点，无论是乘飞机、火车还是驱车，都可便捷抵达。

科隆会展中心由科隆展览公司管理经营，每年承办全球25个行业的权威性会展，涉及轻工业类、家具服饰类、食品类、五金家电类、体育休闲类等诸多类型，全球超过90%的来自该25个行业的进出口产品都在此展出，年均吸引来自120多个国家的47600多家公司和来自220多个国家的约270万名观众参会[1]。

图1-10 科隆会展中心鸟瞰及区位关系
（来源：展会宣传资料）

---

[1] 数据来源：科隆会展中心官方网站资料介绍。

1.4.4 杜塞尔多夫会展中心

杜塞尔多夫市,作为莱茵河畔北莱茵—威斯特法伦州(Nordrhein-Westfalen)的首府,是知名的博览会城市,全年举办各类国际大型会展。

杜塞尔多夫会展中心(Messe Düsseldorf/Düsseldorf Exhibition Grounds,图1-11)位于司托库姆城区,毗邻莱茵河畔和北城公园。会展中心室内总展览面积约26.24万m^2,室外总展览面积约4.3万m^2,共17个展馆,室外场地配置2万个泊车位。从高速公路,机场、火车站及市中心出发,均可快速抵达。此外,多条地铁及公交线路也直达展场。

杜塞尔多夫会展中心由杜塞尔多夫展览有限公司运营管理,公司以投资商品展及时装展(Igedo)闻名,在德国举办的40多个专业展览会中,有20余个业界第一大展览会,包括国际塑料及橡胶展览会(K展)、杜塞尔多夫德鲁巴展览会(Drupa)、GDS国际鞋展等。近年来,杜塞尔多夫会展中心年均吸引逾2万家参展商和112万名观展者[1]。

图1-11 杜塞尔多夫会展中心鸟瞰
(来源:杜塞尔多夫会展中心官网)

1.4.5 慕尼黑会展中心

慕尼黑市位于德国南部伊萨尔河畔的巴伐利亚州(Freistaat Bayern),是德国第二大金融中心,也是欧洲文化、科技和交通最繁荣的城市之一。

慕 尼 黑 会 展 中 心(Messe München International/ Munich Exhibition Grounds,

---

[1] 数据来源:杜塞尔多夫会展中心官方统计数据及资料介绍。

图1-12）坐落于慕尼黑新城区（Messestadt Riem），是全球最先进的展览中心之一，其规划与设计模式成为后续特大型会展建筑设计的范式。会展中心占地面积约73万m²，拥有16个现代化的标准展厅和1个多功能展厅B0，室内总展览面积18万m²，室外总展览面积42.5万m²。东西入口处有2个地铁站、2个高速公路交会点和1.3万个泊车位。展场内建有可容纳6500人的慕尼黑国际会议中心（ICM），以及包含4个大厅、156个用房（可自由组合）的M.O.C展览区。

　　慕尼黑会展中心隶属于慕尼黑国际展览集团，该集团以"国际手工业展（IHM）"著称。现今，慕尼黑会展中心已成为德国新型特大型会展建筑的典范，每年有3万多家参展商和200多万名观众汇聚于此，参与各类世界顶级品牌展会和大中型会议。

图1-12　慕尼黑会展中心鸟瞰
（来源：慕尼黑会展中心官方资料）

第 2 章

德国特大型会展建筑
公共服务空间
功能单元模式

2.1　特大型会展建筑公共服务空间功能系统

2.1.1　基本功能空间系统与类型划分

　　"会展建筑功能空间系统"是指"由会展建筑的功能单元及其形态和与其所围合的空间所组成的具有一定空间层次和空间结构，相互作用、相互依存，并处在一定社会环境中的复杂人工系统"。特大型会展建筑的功能系统通常指处在一定城市和社会环境中的复杂巨系统，组成特大型会展建筑的每个部分都是包含在整体功能空间系统的一个子系统，这些子系统根据具体环境条件，通过不同的组织模式结合在一起，既相对独立，又彼此关联，共同组成特大型会展建筑完整的功能有机体（图2-1）。

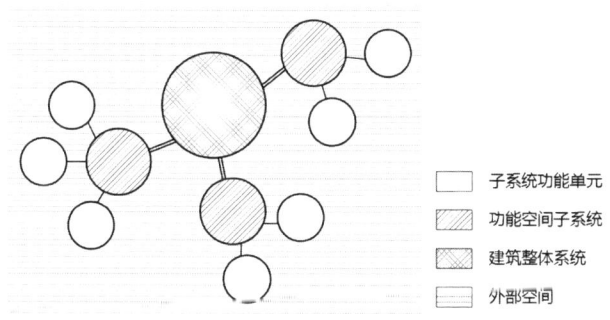

子系统功能单元

功能空间子系统

建筑整体系统

外部空间

图2-1　特大型会展建筑功能空间系统关系示意图

　　现行的建筑设计规范或相关定义中，针对会展建筑及特大型会展建筑功能空间的明确界定与阐释尚待细化，通常是沿用展览建筑设计规范和要求。国家行业标准《展览建筑设计规范》JGJ 218—2010中定义展览建筑的功能空间主要包括展览空间、公共服务空间、仓储空间和辅助空间❶。基于此，特大型会展建筑的基本功能空间按属性可分为公共和非公共两大部分，按系统可分为展览子系统、会议子系统、公共服务子系统、辅助子系统和仓储子系统（图2-2）。

---

❶ 详见中华人民共和国住房和城乡建设部发布的《展览建筑设计规范》JGJ 218—2010（北京：中国建筑工业出版社，2010）及《建筑设计资料集（第二版）》（北京：中国建筑工业出版社，1994）对展览建筑的界定与阐述。

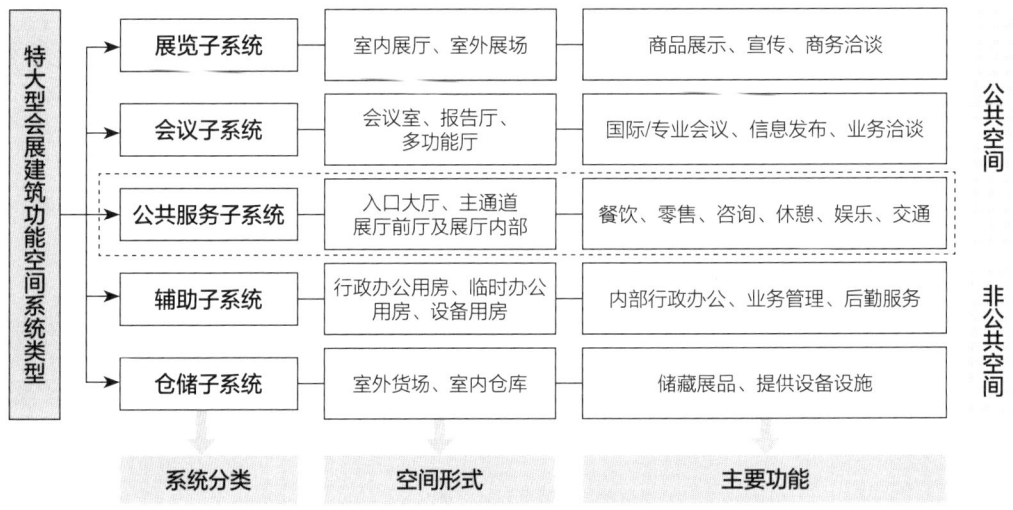

图2-2 特大型会展建筑功能空间系统类型

1. 展览子系统（Exhibition System）

承办各类形式展览的展区是会展建筑中规模占比最大的组成部分，包括室内展厅和室外展场，是对展品或相关服务的展出进行组织的区域，也是展品推广和信息交流的主场所。

2. 会议子系统（Convention System）

会议是特大型会展建筑中的另一核心功能空间，为各类商务洽谈和专业会议提供不同规模的使用空间，一般包括会议室、报告厅、多功能厅等。在特大型会展建筑中，一部分会议空间会结合展厅或公共大厅设置；另一部分通常设置专门的会议中心，以提供更加独立完善的会议服务。

3. 公共服务子系统（Public Service System）

公共服务是为观众提供餐饮、零售、咨询、休憩、娱乐、交通等配套服务的区域，其空间包括入口大厅、主要通道、展厅前厅及展厅内部等，功能涵盖洽谈、餐饮、休闲、商业、商务综合、交通等，由于特大型会展建筑涉及的公共服务内容庞杂，通常设立专门的独立建筑作为综合服务中心，为观众提供集中式服务。

4. 辅助子系统（Auxiliary System）

辅助系统主要提供行政办公用房、临时办公用房、设备用房等功能空间。办公用房主要为展览公司行政业务办公、会展中心内部工作人员办公及相应的后勤服务办公提供场所，可组合在建筑中，也可单独设置多层办公楼。

5. 仓储子系统（Storage System）

仓储系统包括室外货场和室内仓库，通常用于储藏展品、用品以及相关设施，可分设于各展厅之中或独立设置。

2.1.2　公共服务空间系统与类型划分

当代特大型会展建筑发展已不仅仅局限在展览、会议等核心功能空间的拓展，其公共服务空间和相应的基础设施也是特大型会展建筑可持续发展的重要支撑。公共服务空间作为一个多元的子系统，是特大型会展建筑中不可忽视的重要组成部分，是直接服务于不同人群的场所与平台，也是为参观者提供直观感受的物质载体，并有机联系着会展建筑的各个功能空间。在德国特大型会展建筑中，公共服务功能与展览、会议等核心功能并非完全存在于独立的分区中，而是相互交叉渗透，让公共服务系统更好地服务于整个建筑运营，并成为特大型会展建筑品质的有力保证与设计亮点。

具体而言，特大型会展建筑公共服务空间系统是由多个具有特定空间模式的功能单元以及各单元相互关联组合而成的具有一定空间层次与结构的有机系统（图2-3）。本书对特大型会展建筑公共服务空间的研究，主要针对参展大众主体，在功能单元上，包括信息、餐饮、商业、综合、休闲、交通等；在空间类型上，主要涵盖室外空间、灰空间和室内空间；在空间分区上，主要根据观众的流线分为入口大厅、主通道、展厅内部、综合服务中心等区域；在服务设施上，融合了网络信息、自动化操作台、座椅及无障碍设施等多方面大众服务设施；在环境构成上，分为物理环境、景观环境、公共设施、空间品质等。

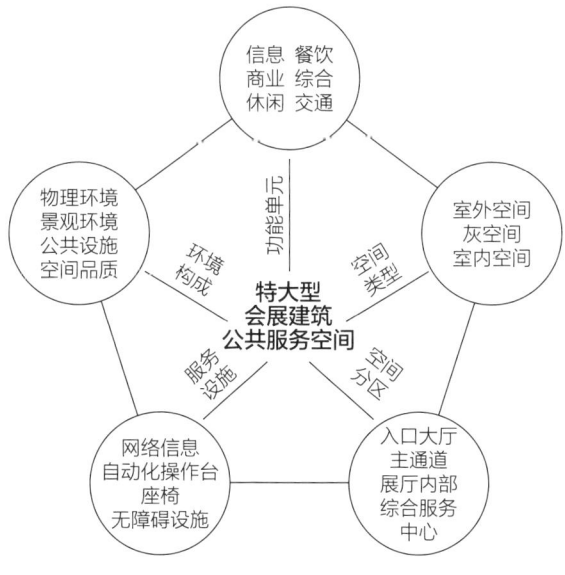

图2-3　特大型会展建筑公共服务空间界定

2.2 特大型会展建筑公共服务空间功能单元

2.2.1 公共服务空间功能类型

多元功能的配置和组织过程是特大型会展建筑设计的核心之一，以此形成单元多样、层级清晰、结构完整的有机功能系统。特大型会展建筑公共服务空间的功能系统主要分为五大类型：

（1）入展登录：特大型会展建筑的必备功能，以售票、检票、登记等票证管理和安检为主，同时包括寄存、礼宾、引导等服务。

（2）餐饮服务：主要包括专用餐厅、集中用餐区、餐饮售卖点、咖啡厅、各类零售店等。在特大型会展建筑中，参展人员众多，就餐时段有峰值，解决好参展人员的就餐问题是办好展会项目的重要条件。同时，餐饮服务的设置不仅满足展会期间的使用，也在一定程度上成为区域和城市的服务载体，在非展会期间或备展期间满足大众就餐需求。

（3）商业服务：主要包括展品销售、纪念品店、书店、小型商超便利店及其他商店等。在会展期间，与展品相关的展销活动能利用客流峰值的潜在客源创造良好的销售业绩；购物型的商业作为会展活动的重要衍生消费行为，可为大众提供书籍、日用品、旅游图册等多种消费选择。

（4）综合服务：在会展开展前、开展中和闭展后，都会涉及与展会相关联的一系列事务，在特大型会展中，一般均设置相应的综合服务机构为参展者提供集中化、专业化、全面化、便捷化的服务，包括客服中心、商务中心、银行、邮局等。

（5）休闲服务：室内各休息区、广场、庭院、外廊均是特大型会展建筑配备休闲服务的场所，其使用时间和形式都具有随机性，良好的休闲功能设置和舒适的空间品质，是特大型会展建筑化解超大尺度矛盾、营造人性化场所的重要途径。

2.2.2 德国特大型会展建筑公共服务空间功能组成

德国特大型会展建筑公共服务空间的功能设置与组成，在长期的积累和完善中已形成了一套全面且专业的成熟模式，本书选取的各案例之间共性较大，具有一定的规律性和典范性，而各案例存在的一些特性则反映了特大型会展建筑公共服务空间在功能组成上的特色与亮点（具体分布图示与信息统计见图2-4～图2-8，表2-1）。

1. 入展登录方面

德国特大型会展建筑在票务销售与管理、证件办理和信息登录等方面均相当完备，具

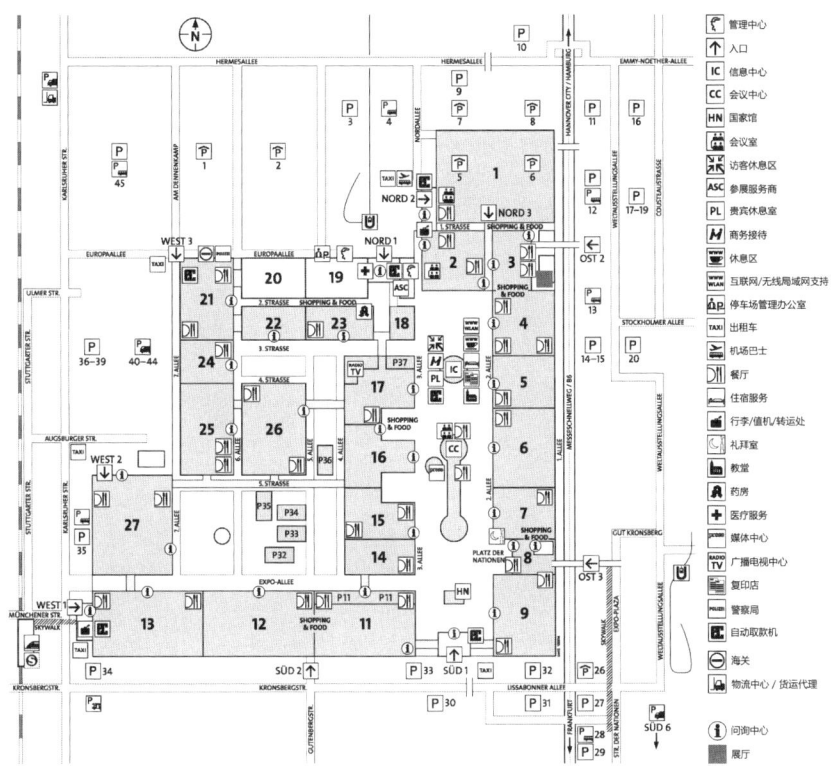

图2-4 汉诺威会展中心公共服务系统组成
（来源：汉诺威会展中心官网）

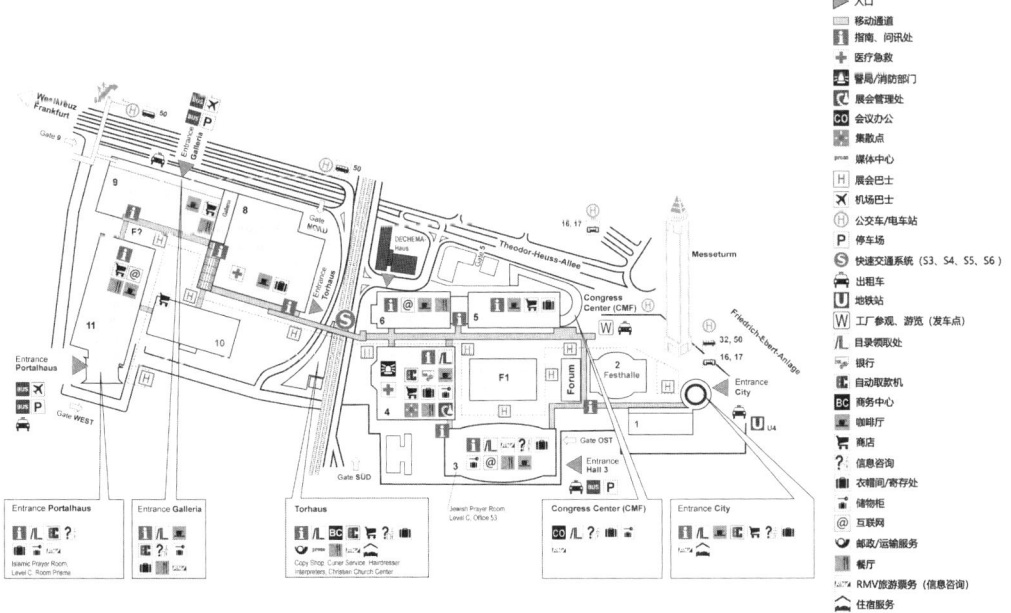

图2-5 法兰克福会展中心公共服务系统组成
（来源：法兰克福会展中心官网）

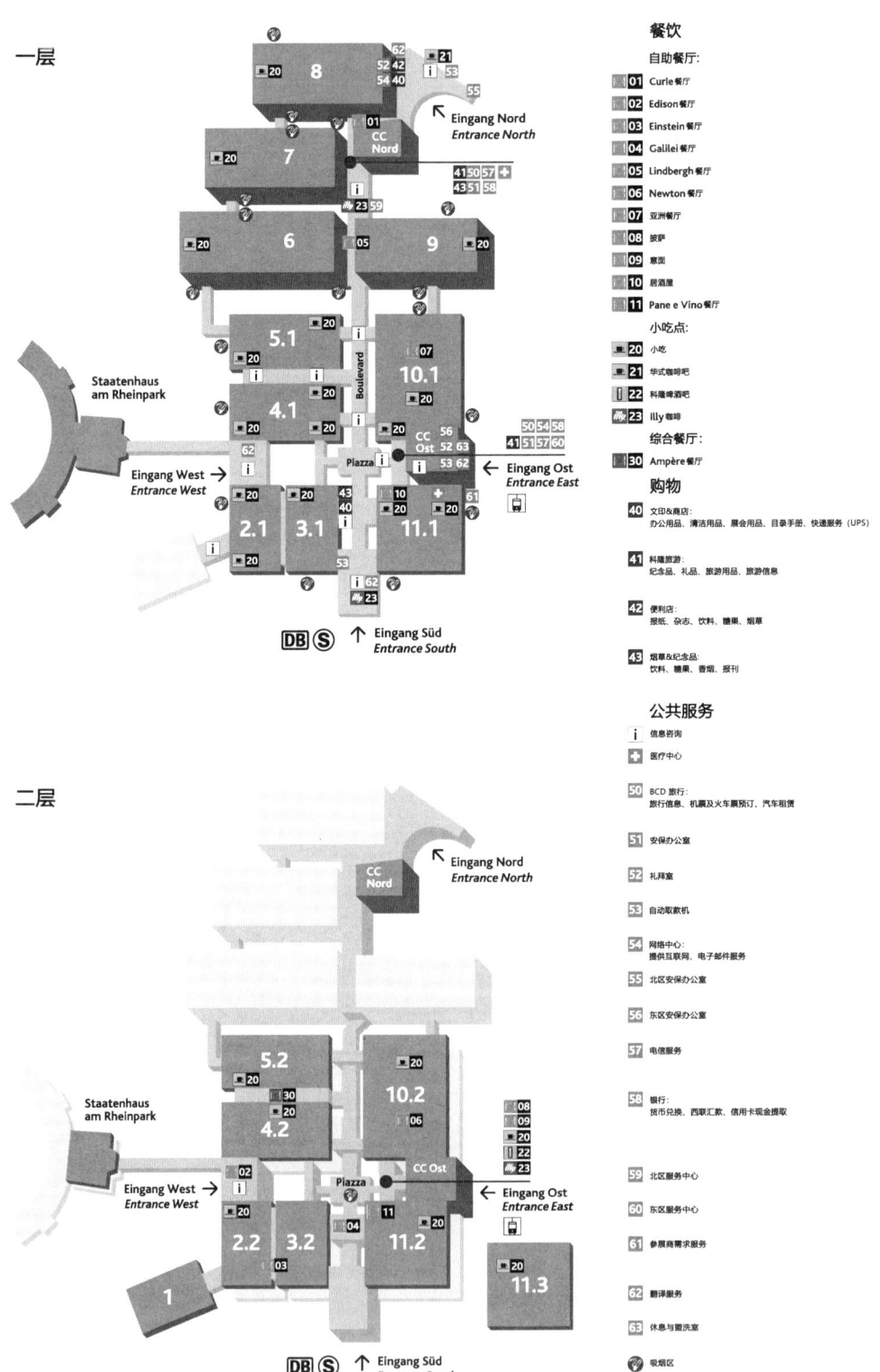

图2-6　科隆会展中心公共服务系统组成
（来源：科隆会展中心官网）

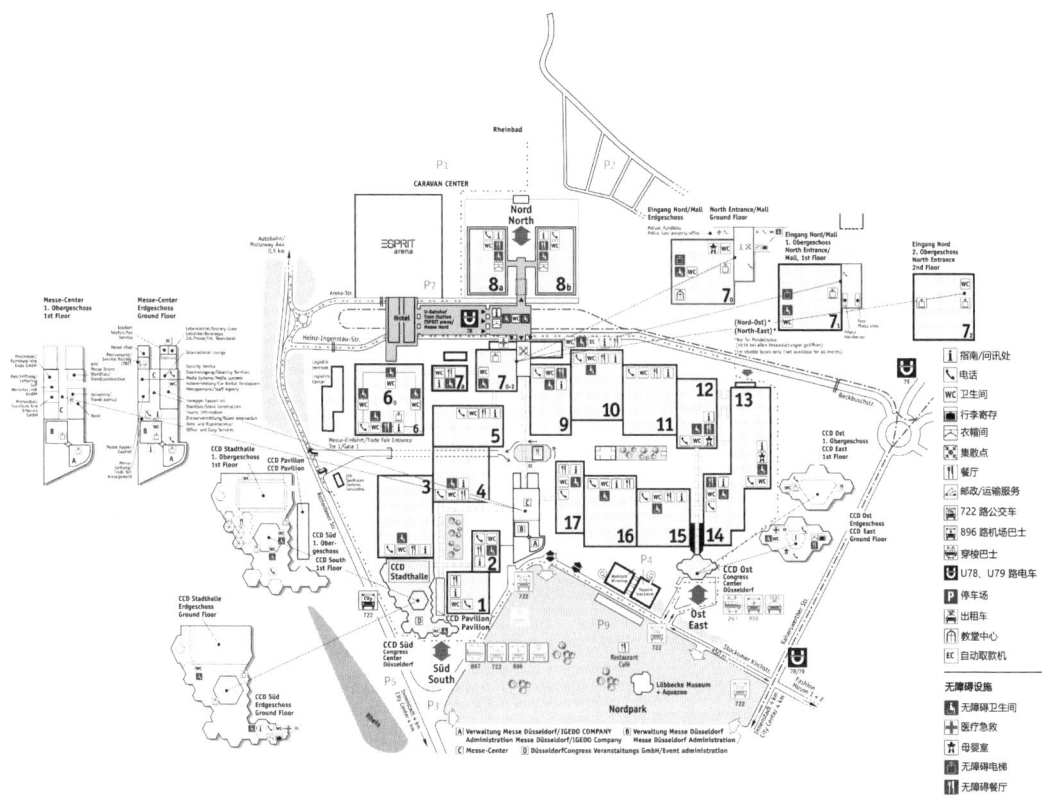

图2-7 杜塞尔多夫会展中心公共服务系统组成
（来源：杜塞尔多夫会展中心官网）

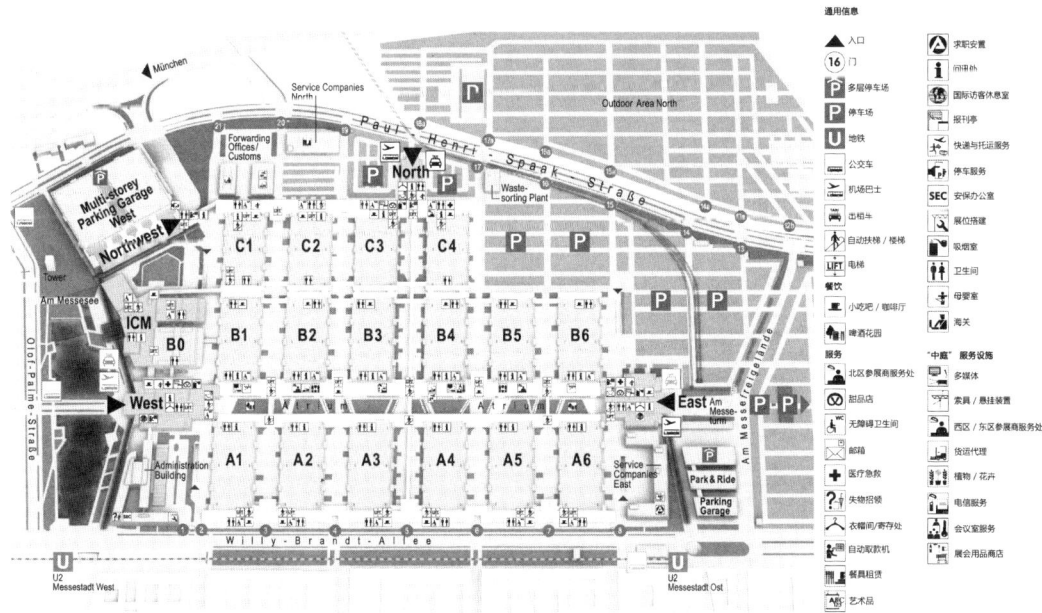

图2-8 慕尼黑会展中心公共服务系统组成
（来源：慕尼黑会展中心官网）

德国特大型会展建筑公共服务功能统计　　　　　　　　　　表2-1

建筑案例	汉诺威会展中心			法兰克福会展中心			科隆会展中心			杜塞尔多夫会展中心			慕尼黑会展中心		
	主体室内	独立区域	室外场地	主体室内	独立区域	室外场地	主体室内	独立区域	室外场地	主体室内	独立区域	室外场地	主体室内	独立区域	室外场地
入展登录 票务办证	✓	✓		✓	✓		✓			✓	✓		✓		
检票	✓			✓			✓			✓			✓		
寄存	✓	✓		✓	✓		✓			✓			✓		
餐饮服务 餐区	✓	✓	✓	✓	✓		✓	✓		✓	✓	✓	✓	✓	✓
咖啡	✓	✓		✓	✓		✓			✓			✓	✓	
零售	✓	✓	✓			✓					✓			✓	✓
特色餐饮				✓					✓						✓
餐具租赁	✓			✓			✓			✓			✓		
在线服务	✓	✓		✓	✓		✓	✓		✓			✓		
商业服务 超市				✓		✓									
商店		✓		✓			✓			✓			✓		
综合零售	✓		✓	✓		✓	✓	✓		✓		✓	✓	✓	
展品销售	✓		✓								✓				✓
客服中心		✓			✓		✓				✓				
商务中心		✓			✓		✓			✓	✓		✓		
邮局		✓			✓		✓				✓		✓		
银行/ATM	✓	✓		✓	✓		✓			✓	✓		✓		✓
信息咨询	✓	✓		✓	✓	✓	✓	✓	✓	✓			✓		
行李托运		✓			✓										
安保及失物招领	✓	✓		✓			✓				✓		✓		
综合服务 医疗救护	✓	✓		✓			✓			✓					
公共通信	✓	✓		✓			✓						✓		
网络	✓	✓	✓	✓			✓			✓			✓		
多媒体	✓			✓			✓			✓			✓		
旅游		✓		✓			✓								
无障碍服务	✓	✓	✓	✓	✓	✓	✓	✓	✓	✓			✓		✓
教堂					✓					✓	✓				
儿童托管		✓			✓								✓		
卫生间	✓	✓		✓			✓	✓		✓			✓		
育婴室	✓			✓			✓			✓			✓		
休闲服务 休闲区	✓			✓			✓		✓	✓			✓		
休息室	✓	✓		✓			✓			✓	✓		✓	✓	
吸烟区			✓			✓			✓			✓			✓

注：主体室内包括主入口大厅、主通道、展厅等；独立区域包括单独设置的信息中心、商务会议中心；室外场地包括广场、庭院以及室外平台等。

有系统化的硬件、软件及人员配备，在各主要出入口都集中设置大量入展手续办理窗口或柜台，同时在门厅内或门厅前设置安检、检票、寄存、引导、礼宾等功能，以保证会展期间数以万计的观众顺利办理参展手续，并确保开展高峰时段入展流程的高效便捷。

2．餐饮服务方面

为尽可能提供方便、快捷、多样的餐饮服务，常设有包括餐厅、开放式用餐区、餐饮售卖点、咖啡吧以及各类零售在内的多种餐饮服务。其中，咖啡吧和西式快餐是西方餐饮的主要形式，因而也成为德国特大型会展建筑餐饮服务的主要形式，既能满足参展大众的基本饮食需求，也是西方生活文化的体现。在慕尼黑会展中心的中央庭院中，设有专门的啤酒花园，突出了德国的餐饮文化特色。在杜塞尔多夫会展中心设有残疾人友好型餐厅，为残疾人提供舒适便捷的设施与服务，凸显了德国特大型会展建筑的人文关怀和建筑设计的专业精神。不仅如此，为满足个性化的餐饮需求，德国特大型会展建筑还结合互联网以及餐饮合作方提供多元化的"线上餐饮服务"，如餐厅预订、网上订餐、在线菜单预览、餐具租赁等。

3．商业服务方面

通常设有超市、便利店、综合商店及零售店，售卖纪念品、旅游册、图书及常备日用品等，同时结合展品形成一些临时展销场所。

4．综合服务方面

德国特大型会展建筑在综合服务方面尤为突出，为儿童、普通大众、残障人士等不同人群提供细致周到的人性化服务，涉及会展与相关行业的方方面面，并涵盖展前、展中、展后不同时期。其组成主要包括：客服中心、商务中心、邮局、银行、通信、网络、咨询公司、媒体设备、行李托运、儿童托管、旅游服务、安保及失物招领、医疗救护站以及专为残障人士提供的服务等。综合服务机构大部分来源于社会和政府的专业部门，根据不同的会展时间和内容，按需为会展中心提供综合服务。在汉诺威会展中心、法兰克福会展中心还设有专门的祈祷室、教堂等。德国特大型会展建筑综合服务的对象广泛、内容全面且专业化水准高，并结合新的科学技术和网络系统将服务内容的辐射范围和运作效率不断扩大、提高，是德国特大型会展建筑在建设、运营、管理等方面具有国际领先水平的重要内因之一。

5．休闲服务方面

通常在厅空间、廊空间、庭院及广场空间等多处设置休闲区、休憩设施、吸烟区，并与景观设计相结合，有利于缓解特大型会展建筑因尺度过大带来的压迫感与参展疲劳感。

综上所述，德国特大型会展建筑公共服务空间的功能类型全面，具体的组成内容繁多，其功能组成既存在共性，也存在各自的特色（图2-9），共性可视作特大型会展建筑建设达到行业高水准的重要基础条件，而特色则可为当代特大型会展建筑公共服务空间提供启发和参考。

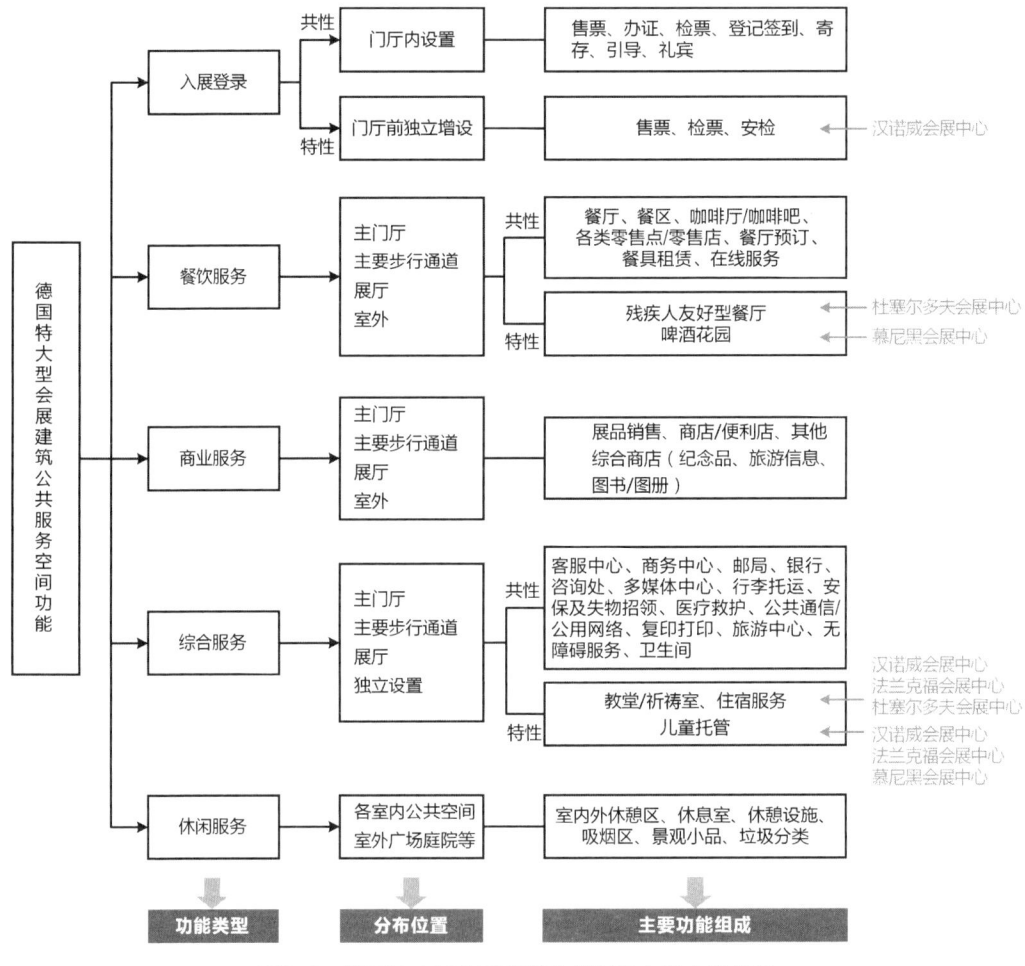

图2-9　德国特大型会展建筑公共服务空间功能分析

2.3　德国特大型会展建筑公共服务空间功能单元模式

2.3.1　入展登录功能空间模式

如图2-10所示，德国特大型会展建筑的入展登录功能通常以集中式的空间形式布置在入口处。会展期间，入展登录是观展大众首要经过的功能系统，其人流具有时段性和随机性特征，功能需求具有一定的顺序性和过程性。集中式的空间模式可达性和使用效率较高，可快速处理售票、检票、办证、签到等票证管理相关流程，并为观众提供引导、咨询、迎宾等服务。同时，集中式的空间模式有利于形成简捷的流线组织，按顺序合理设置安检、寄存、接待、休闲等功能。

在空间布局上（图2-11），入展登录功能集中分布在各主要入口大厅，设置连续售票窗口与柜台，便于参展观众办理登记、购票、咨询事务。通常，票务和咨询以集中式线性窗口或柜台布置在入口大厅前端，并与入口大门形成一定的缓冲空间；寄存服务在售票和咨询的一侧或流线顺序的后侧，或位于地下层，观展者可在开展前和闭展后的规定时间内寄存衣物、行李等个人物品；临时休憩及接待功能常设置于大厅的边角空间。为提高观展高峰期售票、登记、问询等入展流程效率，避免人群在入口大厅拥挤，德国特大型会展建筑在门厅内常设置多个检票口和电子通道。随着电子门票和信息凭证的普及，检票和信息登录也更为快捷、精准（图2-12）。

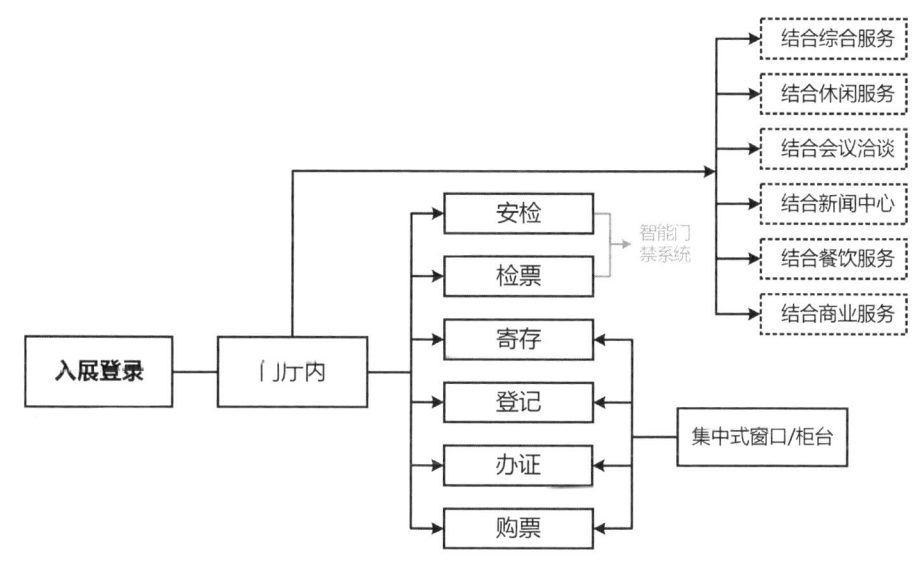

图2-10 入展登录功能空间模式解析

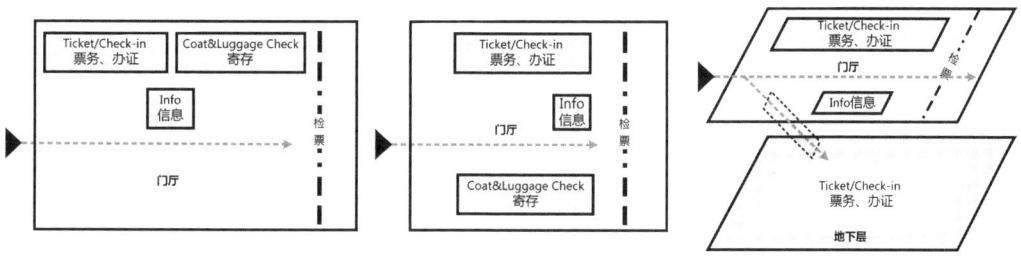

图2-11 入展登录功能空间布局模式

（a）慕尼黑会展中心电子检票系统　　　　　　　（b）科隆会展中心电子检票系统

图2-12　入展登录系统

2.3.2　餐饮服务功能空间模式

　　根据展会用餐时段集中、人流量大等特点，且为满足不同人群就餐的个性化需求，德国特大型会展建筑餐饮服务功能空间通常较为灵活多样，布局主要分为集中式餐饮区和分散式零售点（图2-13）。

　　（1）集中式餐饮区：会展期间，活动安排密集丰富，就餐人数众多，时段相对集中，观展者更倾向高效快捷的就餐方式。基于此，建筑内部通常设置多个集中式餐饮区，以便

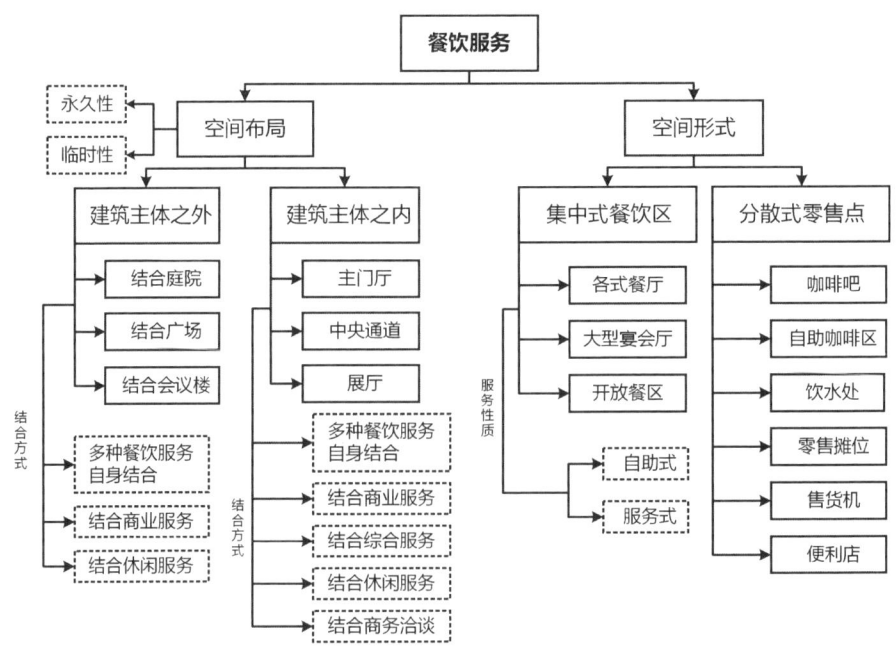

图2-13　餐饮服务功能空间模式解析

在短时间内集中解决大量参展人群的用餐需求。集中式餐饮区包括各式餐厅、大型宴会厅等，也包括会展期间搭建的临时性集中用餐区。根据西方的餐饮文化习惯，用餐方式基本分为自助式和服务式（图2-14）。

（2）分散式零售点：主要包括咖啡厅、便利店、室外零售摊位以及特色零食吧、售货机等，满足多元化需求。其中，根据西方的咖啡文化，场馆会在入口大厅、展厅、公共廊道等多处设置自助咖啡区和小型咖啡吧。零售餐饮空间既可与集中式用餐区合建在专用的餐饮区域内，也可利用一些边角空间独立设置在厅、廊或夹层等空间，还可设置于室外庭院、露天平台以及主要广场内作为零售摊位或小型快餐厅等（图2-15）。

集中式餐饮区　　　　　　　　　　自助式餐厅　　　　　　　　　　服务式餐厅

可独立对外餐厅　　　　　　　　　　　　　　室外场地餐厅区

图2-14　集中式餐饮区空间形式

展厅内零散用餐区　　　　　　　展厅内咖啡吧　　　　　　　门厅内零售区

公共大厅咖啡吧　　　　　　　外卖窗口　　　　　　　室外零售餐区

图2-15　分散式餐饮零售点空间形式

在空间布局上（图2-16），集中式餐饮区主要设置在：①主入口大厅、主要步行通道空间以及人流聚集处；②展厅内部两侧夹层空间，或展厅之间连接处；③室外广场或庭院空间内。分散式零售点则分布较为灵活，数量较多，在各主要大厅、门厅、交通空间及展厅内外均有分布，且在展厅一侧或公共廊道处常呈竖向布局（图2-17）。其中，部分餐饮区可在非会展期间独立经营，服务城市区域并承办多种社会活动（图2-18）。总体而言，德国特大型会展建筑的餐饮服务功能将不同的空间模式和用餐形式有机结合，在观众主要动线中分布均匀，同时兼具部分对外营业形式，具有良好的开放性和可达性，旨在营造满足不同人群、不同时段用餐需求的人性化餐饮环境。

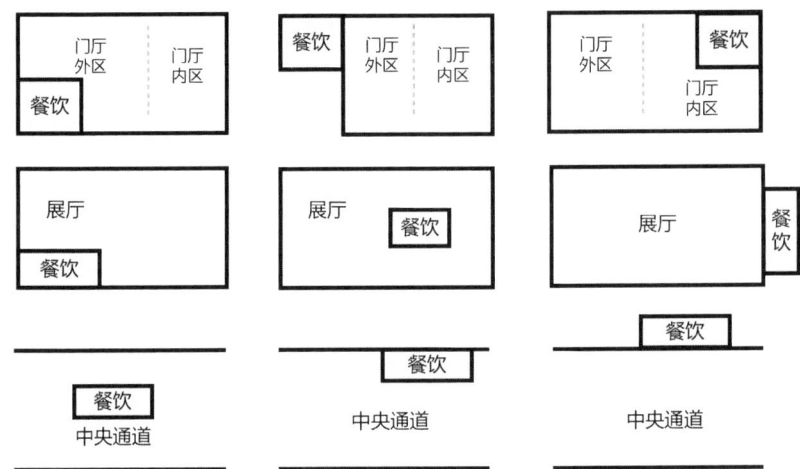

图2-16　室内餐饮功能空间布局模式

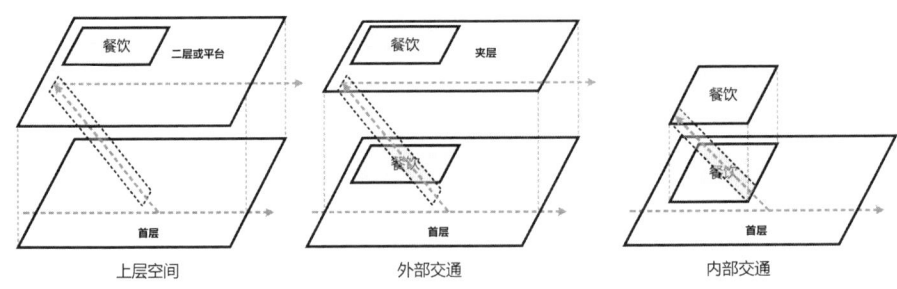

图2-17　餐饮功能竖向空间布局模式

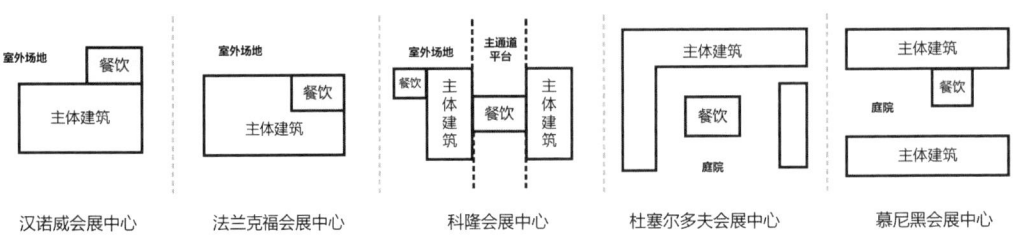

图2-18　室外独立餐饮功能空间布局模式

2.3.3　商业服务功能空间模式

如图2-19、图2-20所示，德国特大型会展建筑商业服务功能体现出较强的针对性和系统性，与其他公共服务功能结合紧密，形式多样，围绕建筑室内外主要公共区域灵活布局。

一方面，由于特大型会展建筑所承载的会展活动本身具有显著的商贸功能，一部分重要商业活动即在展台处发生——经过展商工作人员介绍、推荐，观众对展品表现出购买意向，继而需要合适的洽谈与交易场所，展台布置则往往预留和营造一定的商务场所，配置桌椅、咖啡、零食等（图2-21）。部分知名品牌展会还会在展厅两侧设置独立洽谈室，以开展相应的商务服务。

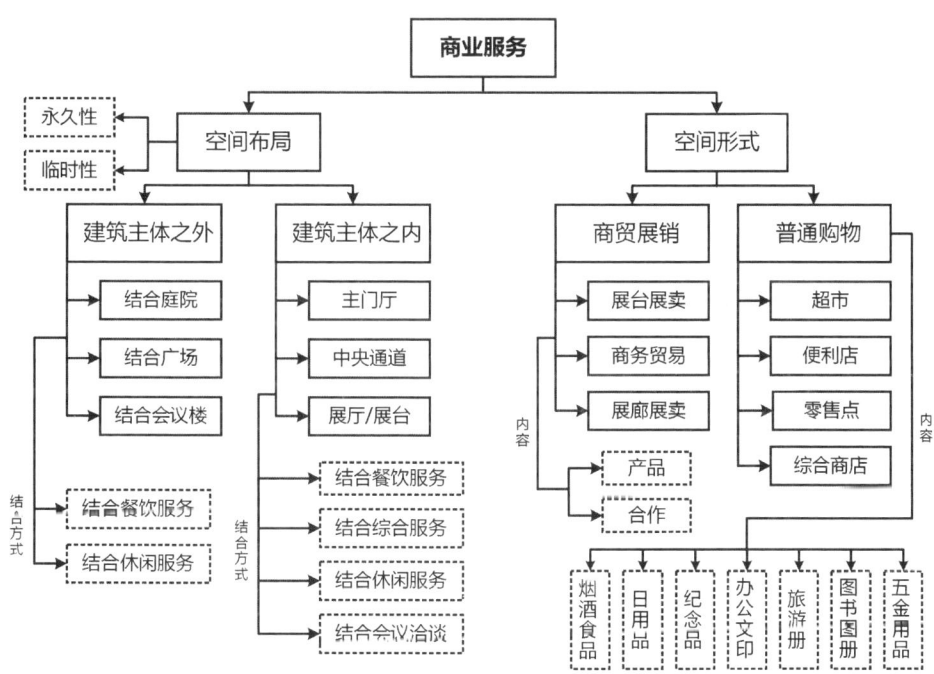

图2-19　商业服务功能空间模式解析

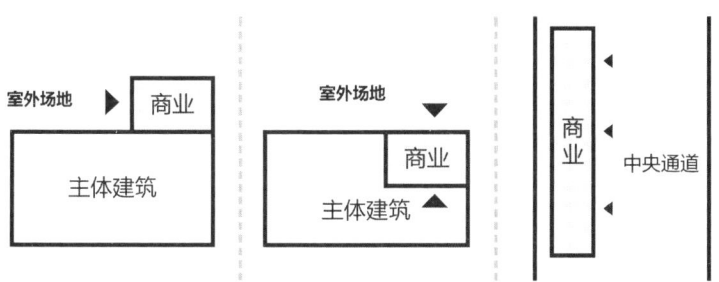

图2-20　商业功能空间布局模式

图2-21 展台区商业空间设置

另一方面，展会期间，普通购物性商业活动主要针对参展观众提供与展会相关的售卖、展卖，以及生活所需品的售卖。同时，展会常与一个城市或国家的旅游密切相关，因此销售商品常常包括该地区及国家的明信片、杂志、图册等。以法兰克福会展中心为例，其空间模式以展品销售、纪念品店、书报店、便利超市为主（图2-22）。

门厅内超市　　　　　对外独立式商店　　　　　零售/小型商店　　　　　展廊/展卖

图2-22 法兰克福会展中心商业服务空间

总体而言，特大型会展建筑对购物性商店的需求不是很高，以能满足基本需求为准，其功能比例和空间规模不大，一些独立的商业功能空间还会在会展和非会展期间独立营业，维持并满足会展建筑及周边区域的基本需要，这样的空间模式在用地集约化的同时，提高了商业服务功能的辐射范围和服务时效，为满足使用者在不同时间段的不同需要创造了有利条件，是特大型会展建筑商业服务空间值得参考的模式之一。

2.3.4　综合服务功能空间模式

会展活动举办期间，有大量涉及社会、通信、安全等方面的手续和业务，需要专门的公共服务机构和配套设施予以处理，这些综合服务机构通常在会展开幕期间到场，会展结束后离场，具有集中的"一站式"特点和使用空间的时段性特征。在举办会展期间，常根据会展活动的特性与流程，将综合服务或集中或分散地安排在主入口大厅、中央通道、展厅区或在独立区域设置单独的综合服务中心，为观众提供集中化的便捷服务。这些繁杂的综合服务功能设置密切关系到整体展会的品质，也是场馆专业化水平的直观体现。德国特大型会展建筑的先进之处，与其配套完善的综合服务功能系统密不可分（图2-23）。其中一些主要的空间形式及布局方式主要涉及三个方面：

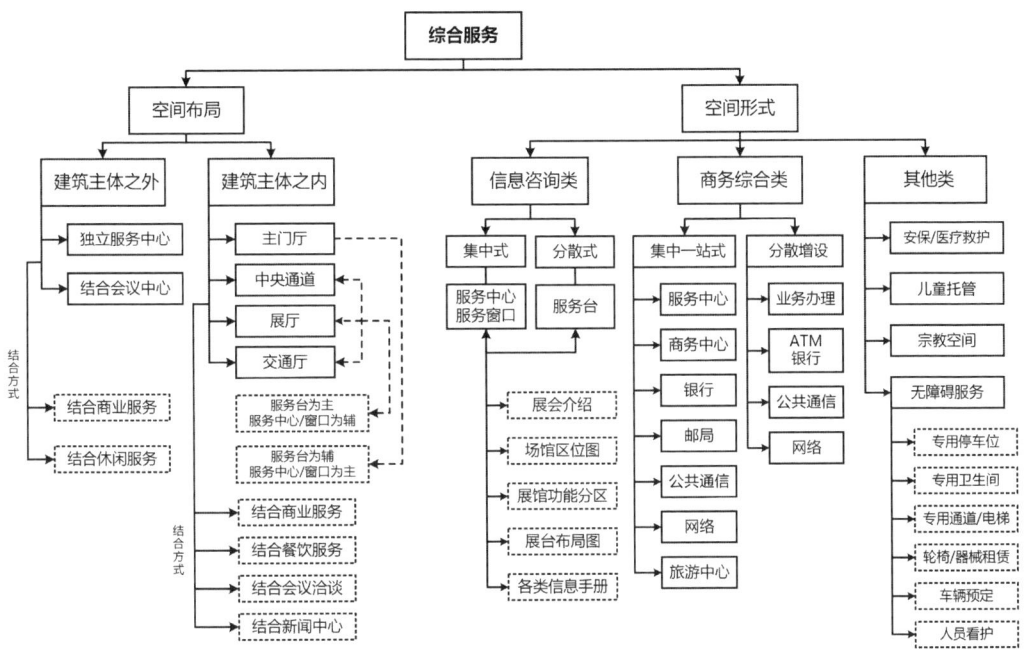

图2-23　综合服务功能空间模式解析

（1）信息咨询：大型展会现场需管理、控制和协调的内容十分庞杂，其中一项重要内容就是为会展主体提供现场咨询与帮助，有效处理各种问题和突发事件，保证会展的正常运转，并尽可能满足参会各方的不同需求。德国特大型会展建筑在场馆的入口门厅、公共通廊、各展厅入口处及展厅内部，均会设置现场服务中心及服务台，配备相关工作人员和会展资料，为观众提供会展简介、场馆区位、展台情况、展商宣传册等信息（图2-24）。由于特大型场馆涉及的信息和业务繁多，如汉诺威会展中心和杜塞尔多夫会展中心，也常设有独立的信息服务中心以便集中设置办事机构和处理事务（图2-25、图2-26）。

（2）商务综合服务：基于会展活动的商贸特点，参展人常有相应的商务需求，因此，德国特大型会展建筑常在入口大厅、中央通道或独立区域设置商务服务柜台或综合服务机构，提供业务咨询、银行、寄送物品、公共网络及通信信息等服务。例如，科隆会展中心在中央通道一侧设置综合服务集中式公共办公区，以满足不同参展主体办理相关事务（图2-27）。此外，由于建筑尺度大、流线长，常会在主要交通流线上补充设置ATM机、自动查询操作机等配套设施。

（3）其他服务：德国特大型会展建筑公共服务系统还包括多种其他公共服务空间，如安保及失物招领处、医疗站、婴儿照看室或儿童托管区、专供宗教人士使用的祈祷室或教堂等。此外，各个场馆均有一套完善的无障碍及通用设计，包括残疾人专用停车位以及专用电梯、卫生间等基础设施。如法兰克福会展中心不仅提供无障碍卫生间，还提供配有专用钥匙的无障碍卫生间，使用者可在会展服务中心及残疾人组织等处租赁钥匙，也可在

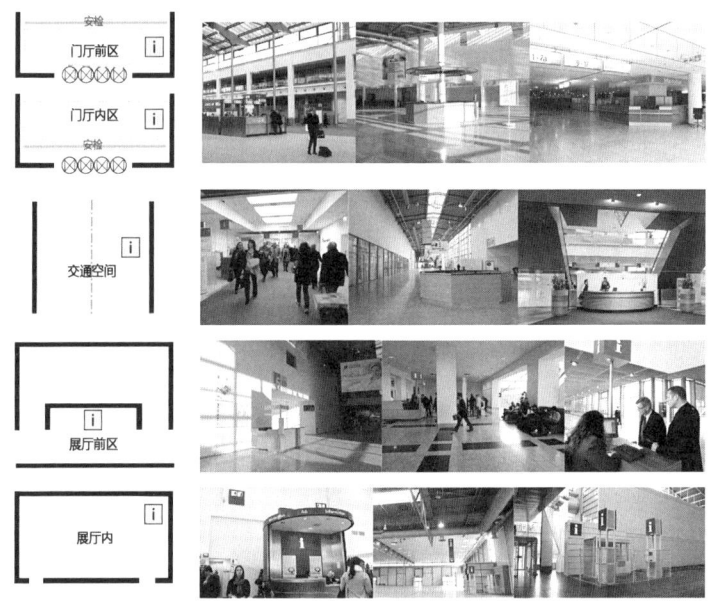

图2-24 信息咨询服务空间布局模式

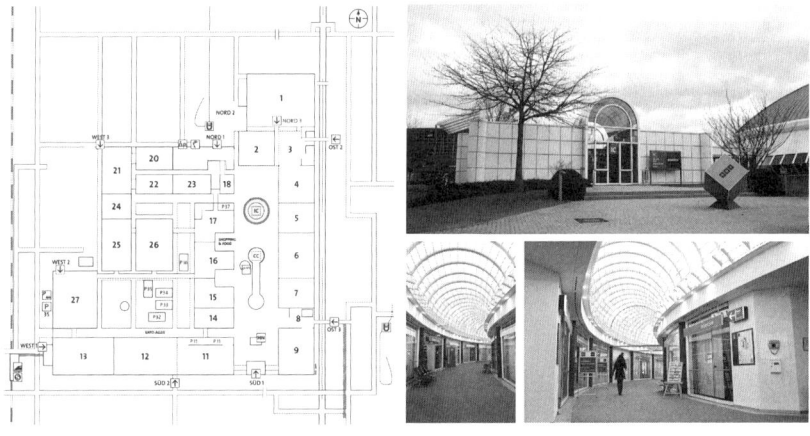

图2-25 汉诺威会展信息服务中心

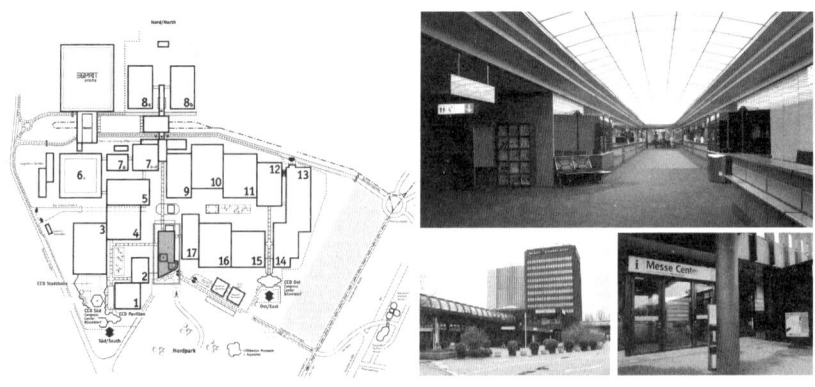

图2-26 杜塞尔多夫会展信息服务中心

网上申请将钥匙在参加会展前邮寄到家中或其他所在地。不仅如此，各会展中心还设有专门针对残障人士的服务站，提供业务咨询、轮椅及器械租赁、车辆预订、人员照看等服务（图2-28）。

　　整体而言，上述各项综合服务功能与设施的专业性、易达性和便捷性，保证了大型会展的顺利进行。同时，这些综合服务功能空间常与会展活动的有无同步，因而也具有间歇性和临时性的使用特征。

图2-27　科隆会展中心综合服务中心
（来源：展会宣传册）

图2-28　法兰克福会展中心无障碍服务内容
（来源：展会宣传册）

2.3.5　休闲服务功能空间模式

　　对于尺度巨大的特大型会展建筑而言，休闲服务功能是必不可少的，休闲空间的合理设置直接体现了会展建筑对不同人群的人文关怀，其空间品质是会展建筑设计理念和行业内涵的展现。在形式上，休闲服务功能包括一些集中式的休闲区，如室内观众休息室、贵宾接待室或贵宾休息室，以及一些结合景观的室外休闲区，也包括分散式的休闲设施，位于室内门厅、廊道、室外广场、庭院等多种空间，通过与交通、庭院、水景、雕塑、绿化等相结合的方式，为观众提供优雅的休闲环境。德国特大型会展建筑还结合多媒体设备布置休息室，结合室外景观设置吸烟区等，体现出其休闲服务空间设计的周到与细致（图2-29）。

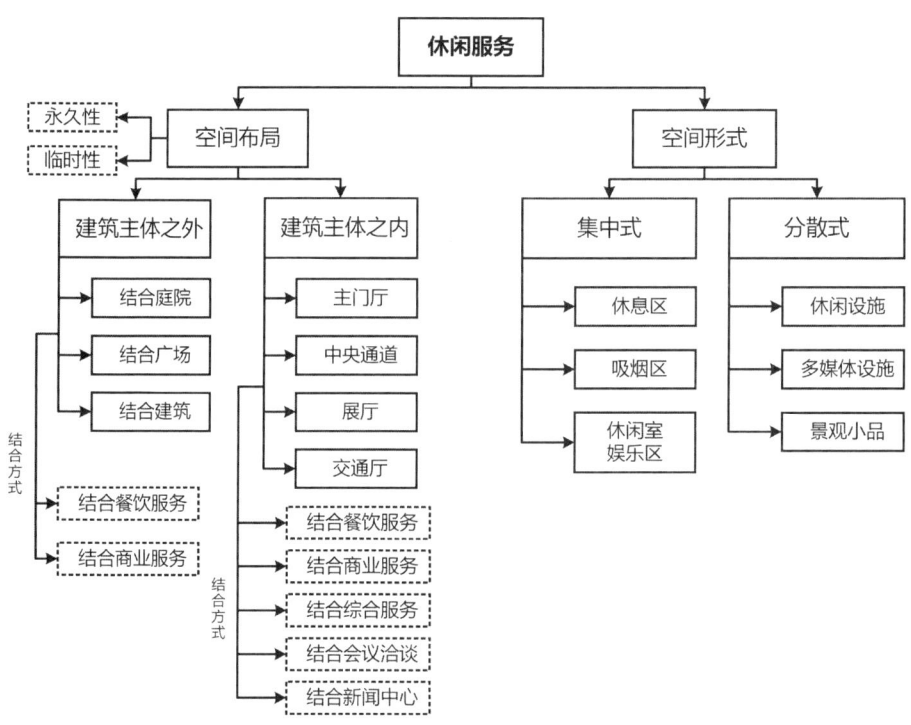

图2-29　德国特大型会展建筑休闲服务功能空间模式分析

在空间布局上（图2-30），德国特大型会展建筑的休闲服务空间常结合餐饮、商业以及综合服务，设置在入口大厅、交通廊道、展厅以及室外广场、庭院中。如杜塞尔多夫会展中心南入口大厅的休闲区与入展登录、信息咨询以及会议洽谈相结合，并设置中央休息庭院，以此提升休闲服务功能空间的品质（图2-31）；慕尼黑会展中心的室外休闲均围绕中央庭院形成不同的景观休闲区（图2-32）。通过与不同功能的复合、室内外空间的关联组合以及与景观设计的融合，德国特大型会展建筑的休闲服务空间层级明确，布局均好，具有良好的可达性和环境品质，有利于缓解并改善参展人在超大尺度的建筑室内外空间和参展过程中可能出现的不适与疲劳，并得到身心的放松与愉悦。

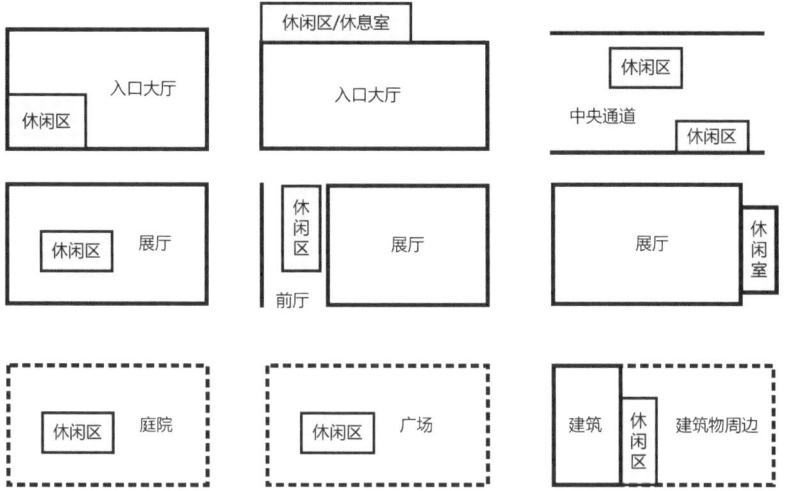

图2-30　德国特大型会展建筑休闲服务功能空间布局模式

图2-31　杜塞尔多夫会展中心南入口大厅休闲空间及庭院
（来源：杜塞尔多夫会展中心宣传册）

图2-32　慕尼黑会展中心中央庭院休闲空间
（来源：慕尼黑会展中心宣传册）

第 **3** 章

德国特大型会展建筑
公共服务空间
组合模式

3.1　公共服务空间分区

3.1.1　观展流线

公共服务空间重点围绕观展者流线展开，主要包括：室外集散广场、入口大厅、公共交通廊、展厅或会议厅、室外（图3-1），建筑各空间区域根据主要观展流线进行设置，从而形成主次分明、结构清晰、布局均衡的复杂空间体系。

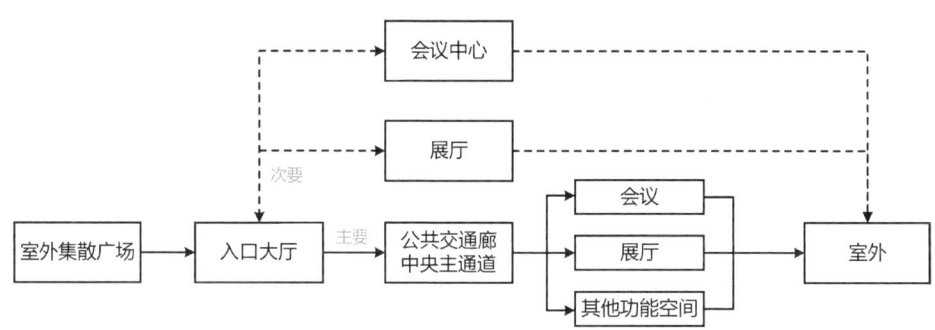

图3-1　观展流线分析

3.1.2　主要分区

公共服务空间围绕建筑室内外均有分布（图3-2），包括：各主要出入口大厅、公共交通廊或中央主通道、各展厅、独立区域及室外场地。公共服务空间根据不同需要或集中设置在厅空间，或分散设置在廊空间，或混合设置在院空间。这些重要的公共服务空间在多元功能的复合、多样空间的组织，以及空间尺度、环境品质等方面都集中体现了场馆的设计水平和为会展主体提供优质服务的条件。

1. 室内公共服务空间

一方面，入口大厅、公共交通廊、中央主通道等空间处于建筑内公共服务空间序列的主导位置，是连接功能布局关系与空间组合模式的核心环节。这些主导空间既集中涵盖了会展建筑的基本功能，又随着现代会展业和会展活动的发展而拓展了多种现代化、人性化、专业化的服务，并伴随网络技术、智能技术、电子技术等现代科技的应用与结合，使

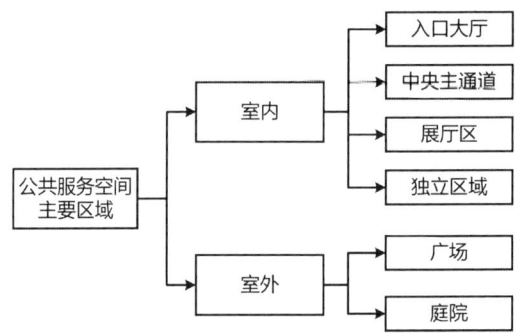

图3-2　公共服务空间主要分区

公共服务空间的设施配备和功能系统愈加先进。

　　另一方面，展厅是会展建筑的组成核心，其设计是决定会展建筑建设水平的关键，因此展厅内部的配套服务也至为重要，适宜的公共服务功能设计和空间组织可提高展厅的整体使用效率，并给观展者留下良好的观展体验。

2. 室外公共服务空间

　　室外公共服务空间主要包括中央庭院、主入口广场等，通过庭院组织、连廊衔接、景观小品等的设置，为人们提供良好的服务环境。特别是总体布局呈环绕式的特大型会展建筑，中央庭院更成为整个场地的核心空间之一，集中容纳了多种公共服务空间和休闲设施，并辅以丰富宜人的景观设计。

3.2　公共服务空间组合模式

3.2.1　主入口大厅公共服务空间

　　德国特大型会展建筑根据建筑及场地整体规划，在不同区域设置多个主要入口大厅，既方便不同方向前来的观展者，分散人流，也使展览场地和展厅可以分区使用，互不干扰，主入口大厅公共服务空间组合模式关系示意如图3-3所示。在慕尼黑会展中心、科隆会展中心等轴线式布局的会展建筑中，主入口设于轴线的端部和轴线的垂直端。在汉诺威会展中心、法兰克福会展中心、杜塞尔多夫会展中心等呈环绕布局的会展建筑中，主入口均匀分布在整个场地规划的不同片区，呈现均好性。主入口大厅作为会展建筑室内空间的起始和结束，是多种公共服务功能集中设置的核心空间之一，也是会展建筑中高度复合化的公共服务空间。

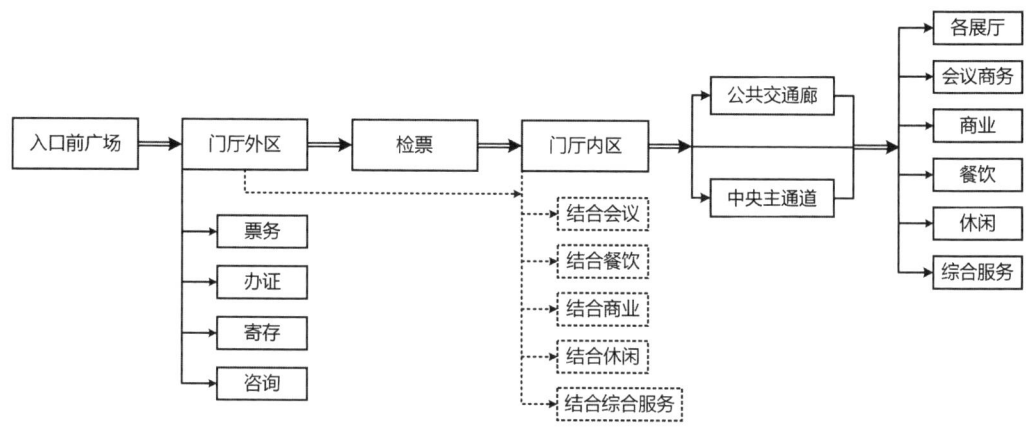

图3-3 主入口大厅公共服务空间组合模式

1. 功能组合

主入口大厅公共服务系统以综合票证管理、入展登录、综合服务为主，部分餐饮、商业及休闲功能辅助配置（表3-1）。入口大厅在展会期间常作为多功能复合使用场所，如进行开幕式、新闻发布会、集会活动等，也可将部分区域划作临时展区或广告宣传区。公共服务系统均配备了智能化程度很高的网络和信息管理系统，在票证管理方面，入口处设有自动化检票系统，观众除可凭借纸质门票进入外，还可通过手机、平板电脑等个人设备上的电子门票进入展会。在信息查询方面，注册登录系统可记录参展人和各类产品信息，信息台可下载多种信息数据至个人用户端设备，或通过设备二维码扫描获得所查资料，并可即时打印。

主入口大厅公共服务功能　　　　　　　　　　　　表3-1

入展登录			餐饮服务		商业服务		综合服务				休闲服务		
票务办证	寄存	检票	餐厅	零售	小型商店	展卖	信息	服务中心	卫生间	无障碍	休憩区	休息室	多功能室
●	●	●	○	◎	◎	○	●	○	●	●	●	◎	○

注：●必备功能　◎多数具备功能　○选择性功能

2. 平面布局

各主入口大厅是为观展者提供参加会展活动各种准备工作的场所，在功能布局和空间组织上具有较强的引导性和开放性。入口大厅以票务、检票、入展准备等功能为主，一般以安检和检票系统为界定，将入口大厅分为外区和内区。外区是入展前的自由区域，以票务办证、信息咨询、衣物寄存等公共服务功能为主，通常在大厅侧面以集中式线性窗口或柜台形式设有售票处、参展登记处、信息咨询台、衣物寄存柜等。内区是通过检录票闸的人群通往主通道和各展厅的公共缓冲空间，也会与商务、会议等功能空间相连接。内区一般设有综合服务台或服务中心，提供与展会、展馆相关的信息与问询服务（图3-4）。此外，根据不同的展会使用需求，内外区可灵活设置咖啡厅、休憩座椅、零售店、银行、邮局等，兼顾接待、休闲和其他一站式服务，如慕尼黑会展中心、科隆会展中心在外区设有餐厅、商店和休息区，杜塞尔多夫会展中心在内区设有综合服务中心（图3-5）。

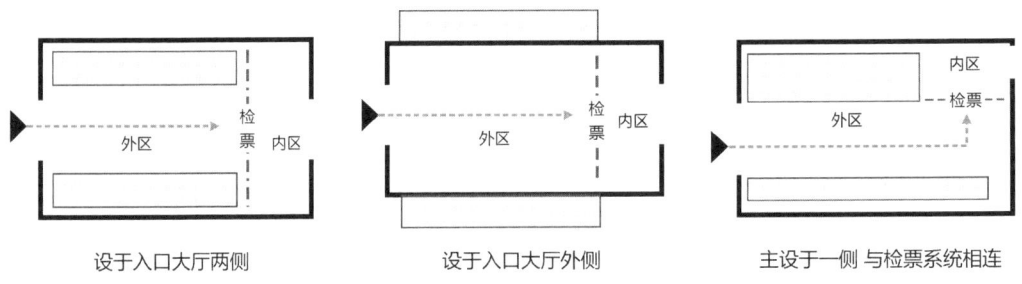

图3-4　主入口大厅公共服务空间平面布局模式

（a）慕尼黑会展中心东入口大厅　　（b）科隆会展中心北入口大厅　　（c）杜塞尔多夫会展中心北入口大厅

图3-5　主入口大厅空间

3. 竖向组织

各主入口大厅以规整的几何形大空间为主，竖向为一层通高空间或中部通高、两侧局部有夹层。公共服务空间设置在大厅首层和局部夹层中，或部分设于地下一层，如慕尼黑会展中心将寄存处和卫生间设于地下一层。入口大厅的竖向空间结构简洁明确，设有夹层或地下层的大厅通过楼梯、电梯直接连接各层。首层除入展登录系统及相关必备功能外，常布置开放性更强的公共服务功能，如综合服务中心、问询处等，夹层则多布置贵宾室、休息室、多功能室和部分餐饮等商务公共服务（图3-6）。

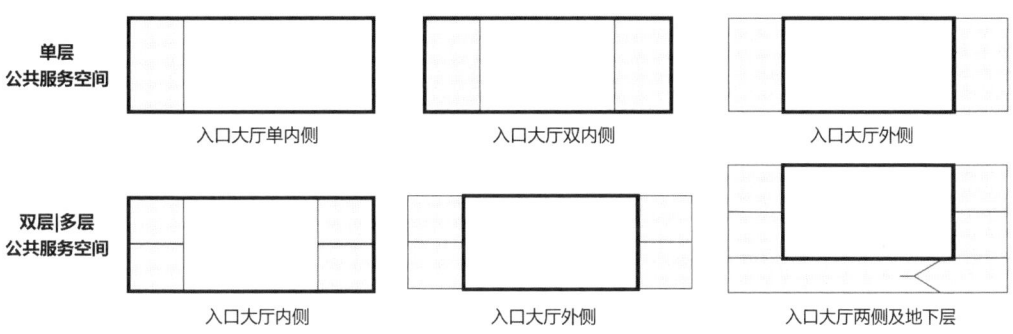

图3-6　主入口大厅公共服务空间竖向布局模式

3.2.2　中央主通道公共服务空间

中央主通道是决定建筑空间流线、功能布局、环境品质的重要核心，既是联系主入口大厅、展厅、会议用房以及其他辅助用房的控制性疏导空间，同时也是联系各公共服务部分和集中容纳相应设施的核心空间。在完成基本的引导和功能职责外，德国特大型会展建筑设计还注重营造特色化和人性化的主通道公共服务空间，其空间组合模式关系示意如图3-7所示。

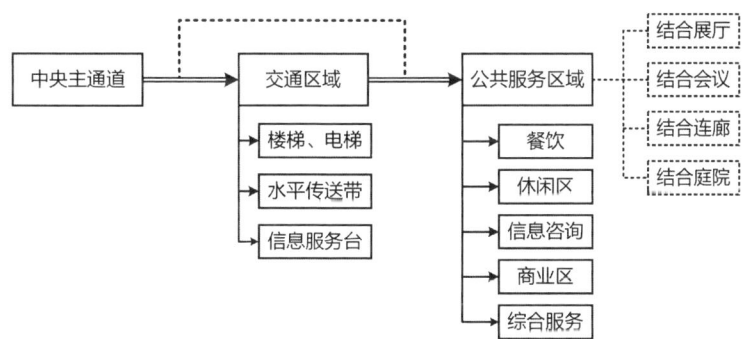

图3-7　中央主通道公共服务空间组合模式解析

1. 功能组合

中央主通道的公共服务功能配置和组合方式较为灵活，各场馆根据具体需求的不同，其功能差异也较大，不同功能空间既可相互组合共同存在，也可独立设置，通常在主通道设置展销、餐饮、休憩、信息咨询、部分综合服务及其配套设施，如ATM、公共电话等，达到功能与空间的多样化、复合化利用。主通道在与展厅相连处常兼具展厅的前厅功能，以提供信息咨询为主（表3-2）。

中央主通道公共服务功能 表3-2

餐饮服务		商业服务		综合服务					休闲服务		
餐厅	零售	小型商店	展卖	信息咨询	服务中心	卫生间	无障碍	寄存	休憩区	休息室	多功能室
○	◎	○	◎	●	○	●	●	○	●	○	○

注：●必备功能　◎多数具备功能　○选择性功能

2. 平面布局

中央主通道是特大型会展建筑空间的主轴线，其整体长度、宽度和面积尺度大，易形成高大开阔的室内效果。考虑到中央主通道内的舒适度与趣味性，通常在其步行空间两侧均匀分布公共服务空间及配套设施，包括餐饮、休闲、服务中心及商务中心等。同时，中央主通道常采用室内外空间相互结合、渗透的形式丰富空间形态，进而将自然景观和人工景观相融合，营造出舒适宜人的公共服务空间环境（图3-8）。此外，在德国特大型会展建筑的中央主通道及主要交通连廊内，均设有水平传送带，极大地方便了观展者在主通道中的通行，使他们可以快速、便捷地到达想去的展厅，同时有效缓解了大尺度、高强度观展活动导致的疲劳感（图3-9）。

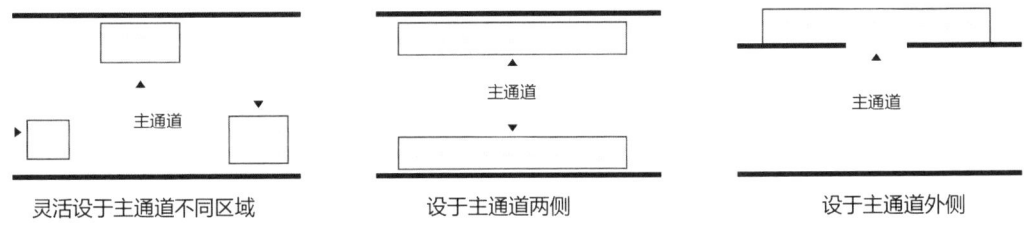

灵活设于主通道不同区域	设于主通道两侧	设于主通道外侧

图3-8　主通道公共服务空间平面布局模式

图3-9　主通道水平传送带

3. 竖向组织

德国特大型会展建筑整体以水平空间组织为主，由此，中央主通道的竖向设计往往成为丰富建筑空间层次，灵活划分不同公共服务功能的设计关键。中央主通道的竖向设计常采用通高空间和局部二层结合的方式进行组织，通过竖向楼梯、电梯联系着上下层的不同公共服务功能和多层展厅的不同楼层。在慕尼黑会展中心、杜塞尔多夫会展中心和法兰克福会展中心，均有二层连廊连接各个主展厅。德国特大型会展建筑还注重通过不同方式丰富中央主通道的竖向空间层次，如形成局部下沉空间或营造独立的通高小空间，布置小型的公共服务空间或休憩空间，或设置局部二层平台，布置为餐饮区或休闲区，使观展者可在不同的竖向空间层次获取别样的视角和空间体验，也有助于适度消解步行流线的长度，使中央主通道不是单一的交通功能，而是具有多层空间划分和多元公共服务的复合场所（图3-10）。

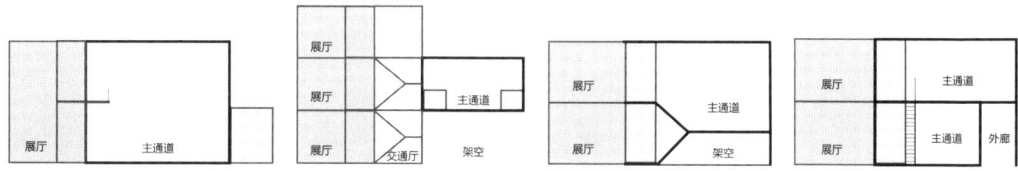

图3-10　中央主通道公共服务空间的竖向组织模式

3.2.3　展厅公共服务空间

展厅是会展建筑的主体空间，特大型会展场馆的展厅规模巨大，在展会期间云集大量人流物流，为配合单座展厅的正常运转和就近解决人群的基本需求，也需要设置具有单元式、标准化特征的公共服务系统。同时，展厅内公共服务空间的配置也拓展了展厅空间的多元使用，如独立承办艺术宣传、礼仪集会、商业发布会等多种大型公共活动。展厅公共服务空间组合模式关系示意如图3-11所示。

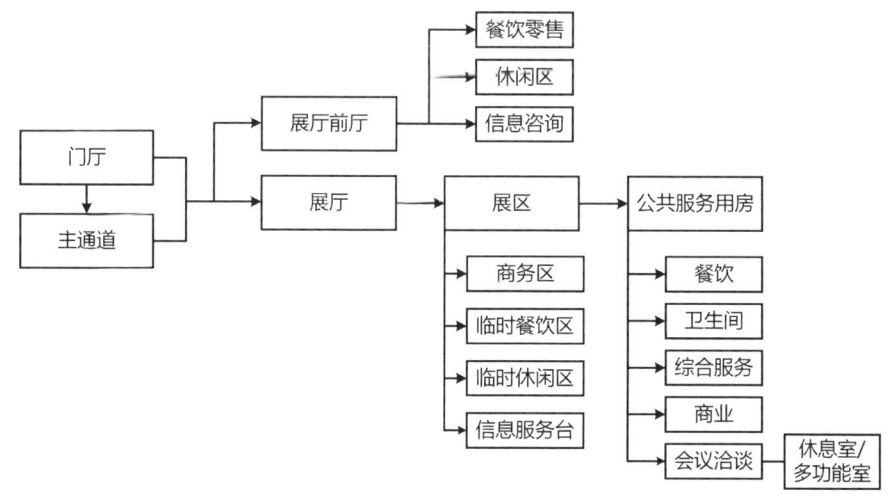

图3-11　展厅公共服务空间组合模式关系示意图

1. 功能组合

各展厅内部独立运营的各项公共服务功能以信息咨询、餐饮、洽谈、休闲为主，辅以商业零售等。其中，餐饮、休闲、洽谈等功能会以不同形式和配比组合布局，如小型餐饮售卖点、饮水器、盥洗室，以及卫生间等组合设置，满足基本需求和个性化要求（表3-3）。

展厅公共服务功能　　　　　表3-3

餐饮服务		商业服务		综合服务					休闲服务		
餐厅	零售	小型商店	展卖	信息咨询	服务中心	卫生间	无障碍	寄存	休憩区	休息室	多功能室
●	●	○	◎	●	○	●	●	○	●	○	◎

注：●必备功能　◎多数具备功能　○选择性功能

2. 平面布局

标准展厅主要包括前厅、展区、服务用房三部分，公共服务区常以集中式为主，分散式为辅，一般位于展厅一侧，包括位于外侧、内侧和相连展厅外部公共空间。其中，位于外侧的公共服务与主通道或室外场地结合，增加公共服务部分的对外服务范围，同时有利于展厅内部展区的完整与简洁；位于展厅内侧则有利于展厅内部的分区使用和展厅单独承办活动使用；位于相连展厅外部公共空间则有利于公共服务空间的共享与集约（表3-4）。

展厅公共服务空间不同模式的特点　　　　　表3-4

布局模式	特点
设于展厅外侧	与主通道和室外相结合，有利于公共服务空间的可达与共享
设于展厅内侧	有利于单独为展厅服务，部分会影响展区空间的完整性
设于相连展厅外部公共空间	有利于公共服务空间的共享，提高使用效率
环绕展厅	上层可形成环绕展厅的平台，丰富观展竖向层次和观展视角
设于中央和四周局部	有利于展区的分区组织，不利于举办需要完整大空间的展会

标准展厅以长方形为主，部分展厅为正方形。在长方形展厅中，公共服务区基本以集中线性空间布置于短边处或相连展厅外部公共空间（图3-12）。在正方形展厅中，公共服务功能通常以中心对称式均匀布置在四个边角，或在展厅中央设置部分公共服务空间（图3-13）。除餐饮外，各展厅公共服务部分通常具备信息咨询处、饮水间、卫生间（包括无障碍专用卫生间）、育婴室、小型洽谈室或多功能室等。分散式的公共服务空间一般结合展位和通道布局，在展厅中分散设置休憩区、餐饮区、问讯处、现场服务处等。在展台处，展商也会设置小型的洽谈商务空间或休闲空间，提供桌椅、食品、咖啡等，以吸引观展者。

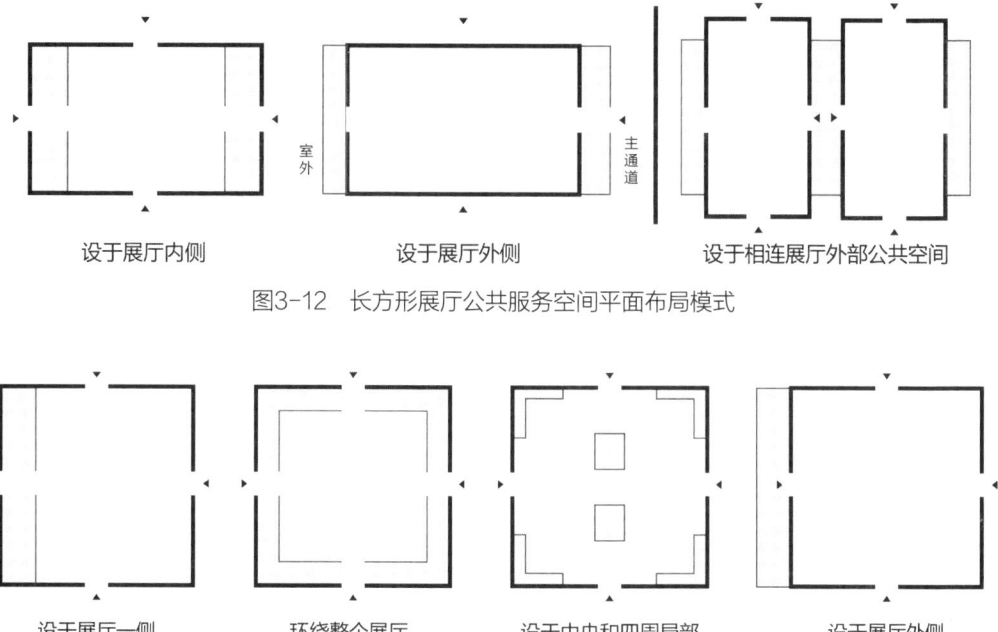

图3-12　长方形展厅公共服务空间平面布局模式

设于展厅一侧　　　环绕整个展厅　　　设于中央和四周局部　　　设于展厅外侧

图3-13　正方形展厅公共服务空间平面布局模式

3. 竖向组织

在单层展厅中，由于展厅高度较高，边跨上的公共服务空间可分为两层，即在展厅边跨形成夹层进行竖向设计，公共服务根据不同功能的公共性程度分别布置在首层和夹层空间中，如首层布置餐饮、信息咨询等，夹层布置小型洽谈等多功能空间，并辅以休憩设施；也有部分展厅将公共服务部分集中设置于首层，上层夹层布置其他功能。在双层和多层展厅中，公共服务一般位丁前厅，与交通空间相结合，展厅内部公共服务空间基本与展厅同层或局部设置夹层（图3-14）。

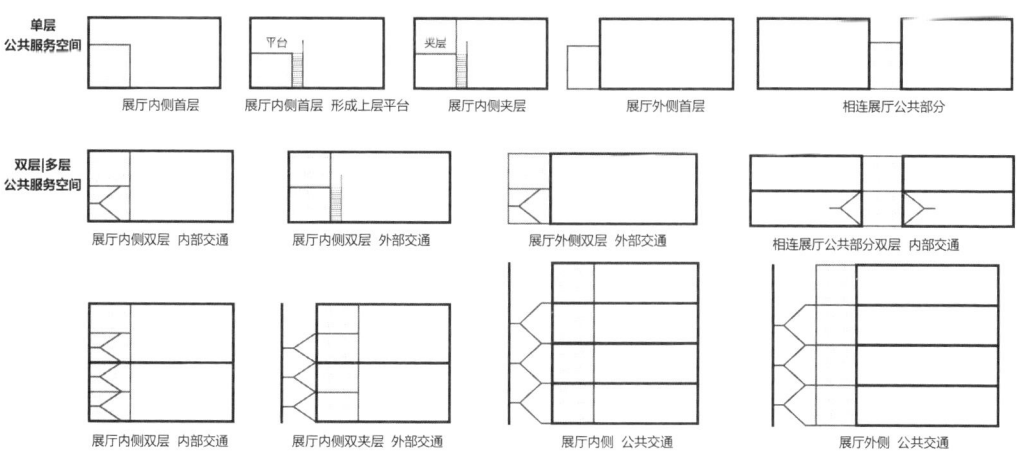

图3-14　展厅公共服务空间竖向布局模式

　　杜塞尔多夫会展中心除8a和8b展厅外全部为单层展厅，其展厅内公共服务空间基本分布在短边或四周，大部分展厅设置夹层，公共服务空间位于首层或夹层中❶（图3-15）。慕尼黑会展中心全部采用单层式标准展厅，标准展厅A、B为71m×161m矩形，标准展厅C为71m×143m矩形，在展厅短边外侧设置夹层，布置会议、洽谈、餐饮等服务设施，从而使公共服务空间与室外和主通道相结合，可达性和景观性更好，同时也保证了展厅内部的完整与统一（图3-16）。

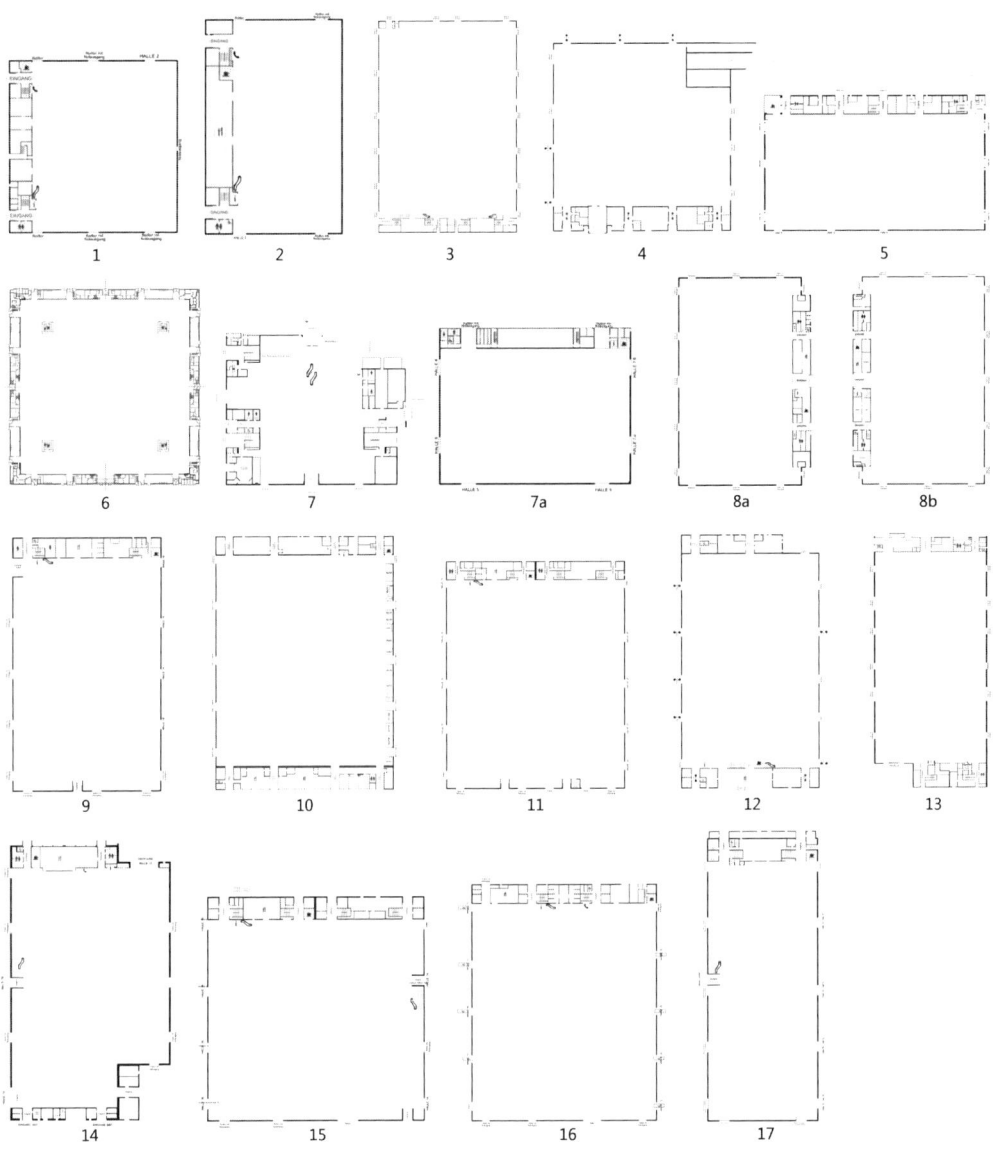

图3-15　杜塞尔多夫会展中心各展厅公共服务空间布局模式

---

❶　来源：杜塞尔多夫会展中心官方资料介绍及杜塞尔多夫GDS国际展会资料。

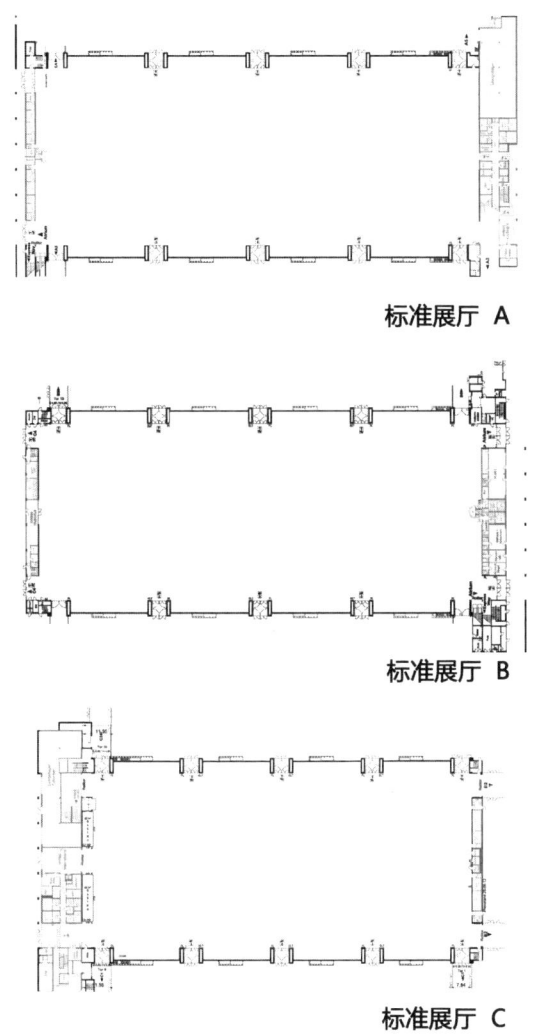

标准展厅 A

标准展厅 B

标准展厅 C

图3-16 慕尼黑会展中心三类标准展厅公共服务空间布局模式

3.3 公共服务空间细部设计

3.3.1 材质设计

1. 透明化

各式玻璃材料、膜材料被广泛应用在德国特大型会展中心的公共服务空间设计中，以展现其公共空间的通透性、舒适性和流动性。相较于较为封闭的展厅围护结构，简约透明的建筑材料令公共服务系统室内外环境形成视觉上和空间上的有机联系，丰富参展者的空间体验，并为室内功能用房营造自然明亮的光环境。不仅如此，针对特大型会展建筑特有的庞大体量，公共服务空间借助透明、半透明的材质设计可以巧妙赋予建筑实体轻盈、灵动的空间效果，化解其厚重感与超大尺度感，这也是特大型会展建筑形式创作的特点之一。

以主入口门厅为例，基本均采用大面积玻璃幕墙，在拥有自然采光的同时，使建筑体量获得轻盈感与通透感，有助于人流在入口处的集散，并获得开阔的视野。如科隆会展中心南、北两个主入口，北入口主立面采用弧形玻璃界面，室内外过渡自然，采光充足，在蓝天白云的映衬下给人以良好的通透感；南入口立面体量略小，其玻璃立面简洁精巧，与后面的展厅实体形成鲜明对比，凸显其轻盈感（图3-17）。

图3-17　科隆会展中心南北入口大厅立面材质设计

2. 细腻化

超大尺度与近人尺度之间的空间体验转化是促使德国特大型会展建筑在材质设计方面寻求细腻、精致风格的内因之一，在公共服务空间细部设计上尤为注重材质肌理的细腻、尺度划分的细致、节点设计的精巧以及施工工艺的精确。

如慕尼黑会展中心东入口大厅，立面内部与外部以纤细的金属立体杆件将玻璃幕墙划分成纵横相交的小尺度网格，并配以展会和展馆的Logo。门厅内两侧有韵律的细高柱廊和屋顶不同尺度的格栅划分，营造了多维的细部尺度，使得整个大厅给人以精致、细腻、舒适的美感（图3-18）。

3. 简约化

德国特大型会展建筑公共服务空间的材质肌理呈现出一种"德国制造"的简约美（图3-19）。

图3-18　慕尼黑会展中心东入口门厅材质

（a）汉诺威会展中心　　　　　　　　　（b）法兰克福会展中心

（c）科隆会展中心　　　　　　　　　　（d）慕尼黑会展中心

图3-19　德国特大型会展中心材质设计

在材质选用方面，以较少的材料类型和元素进行设计，基本以玻璃、钢材、金属板材以及石材作为主要材料进行营建，且基本控制在三种材料之内进行搭配。

在形式设计方面，以简洁的手法进行材质肌理的组合，创造出明快、大气、宜人的空间效果。

在细部构造方面，各种材质节点形式与构造方式逻辑清晰且富有韵律，没有过于繁琐的装饰性符号和元素，呈现出建筑自身的构造美。

4. 生态化

随着当代建筑新技术、新材料的涌现，在德国特大型会展建筑公共服务的不同功能空间采用呼吸幕墙、高效保温隔热墙体、中空玻璃（LOW-E玻璃）、镀膜玻璃、吸热玻璃，以及木材、钢材等可循环材料，通过适宜材质的应用和设计，获取了美化空间与节约能源的双重功效。各类节能技术和绿色材料的使用，体现出建筑设计的生态理念，为建筑的可持续运营提供了保证。

如汉诺威会展中心的26号展厅❶，立面大面积采用钢和镀膜玻璃，在透过太阳光的同时有效防止热辐射，展厅侧面突出的公共服务部分则采用木材，整体展厅既形成材质上的对比、变化，又秉承了生态设计理念（图3-20）。

图3-20　汉诺威会展中心26号展厅

3.3.2　标识和引导系统设置

展会活动是以具有目的性并按一定程序进行的商贸活动为主，需设置完善的标识系统以达到引导和疏散要求。完善醒目的标识和引导系统是特大型会展建筑公共服务空间有效组织人流、物流的重要元素，对于不同人群获得良好的方向感和在场馆内高效快捷地到达目的地极为关键。

在空间布局上，从场地到建筑，再到建筑的每个空间单元，标识系统遍布在入口门厅、各展厅的每个出入口、展厅前厅、中央主通道、步行连廊以及室外庭院、广场等人流

---

❶ 汉诺威会展中心26号展厅由托马斯·赫尔佐格（Thomas Herzog）主持设计，设计施工时间：1994—1996年，获1998年德国钢结构奖。

交汇处的显要位置，明确所处位置、通道方向、展馆布局、公共服务点位置等。

在引导方式上，主要包括悬挂、壁挂及摆放指示牌，铺设地面图案，设置自动化信息查询台等方式。

在标识内容上，一般包括展厅和出入口编号数字、字母、方位箭头以及不同功能空间或公共服务的代表图案等。标识牌样式简单明确、颜色鲜明且尺寸较大，保证内容的可视性与可读性。

如表3-5所示，归纳列举了德国特大型会展建筑在主入口大厅、主通道、展厅区及室外场地标识系统的布局、内容与形式。

1. 主入口大厅

德国特大型会展建筑主入口大厅的综合服务项目繁多，各类公共服务设施如问讯处、餐厅、卫生间、信息咨询等都有明确的专属图标和指示牌，便于快速引导。

2. 主要通道

在主要的中央主通道、二层连廊、竖向楼梯和电梯等处，设有清晰的指示牌，标明方向位置关系、服务内容、服务设施位置等重要信息。特别是中央主通道的引导系统是流线组织与疏导的关键，常以简洁醒目的符号图标及数字表示方位、展厅编号、展厅出入口序号等信息，使参展人可在较远处就能清晰辨认。

3. 展厅区

展厅区标识设置主要分布在展厅入口前区和展厅内部。入口前区以设置标识牌为主，标明展厅序号、出入口序号、展馆总平面示意图、展厅及展位布局图、各项服务设施位置图等。在展厅内部，考虑展厅布展后对墙面有所遮挡，常选择悬挂三角体或立方体标识牌，标明疏散通道序号等，以保证其在展厅内各方向的视线均好，同时也会在侧墙高处集中布置各服务设施指示牌，如图3-21展示了慕尼黑会展中心标准单元式展厅内部统一的标识系统设置。

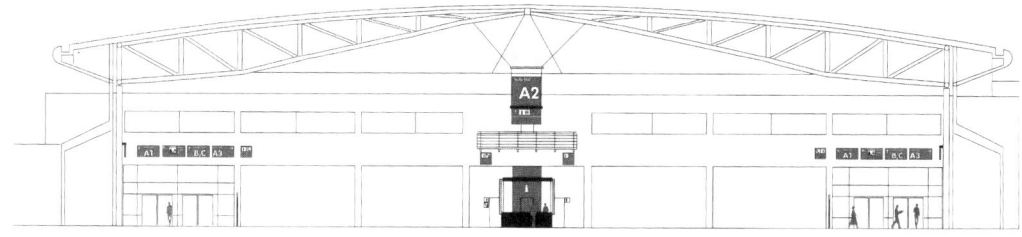

图3-21 慕尼黑会展中心标准展厅内标识系统

（来源：根据《Messen Munchen: Entwurf, Planung, Realisation》资料整理绘制）

德国特大型会展建筑标识系统设计　　　　　　　　表3-5

主入口大厅及公共大厅：
a. 公共服务内容/方位/平面图　　b. 展厅方向/序号　　c. 展馆/展厅/展位平面图　　d. 疏散及消防图

主要通道：
a. 公共服务内容/方位/平面图　　b. 展厅方向/序号　　c. 展馆/展厅/展位平面图　　d. 疏散及消防图

展厅前区：
a. 展厅序号　　b. 各出入口序号　　c. 展馆/展厅/展位平面图　　d. 公共服务设施位置图　　e. 疏散及消防图

展厅内部：
a. 展厅序号　　b. 出入口序号/方位　　c. 公共服务设施位置　　d. 通道序号　　e. 疏散及消防图

室外场地：
a. 展厅序号　　b. 出入口方位　　c. 建筑总平/功能/方位　　d. 公共交通线路/方位

4. 室外场地

在室外场地内，标识系统通常包括城市交通、场地和场馆布局、方位等示意图。为使参展人快速辨别方位并直接到达目的地，常在展厅外立面标明展厅序号，结合室外道路和景观设置多向指示牌以明确入口、展厅、公共服务、停车等建筑不同功能空间的方位及参展人所在位置。

3.3.3　公共服务设施配置

先进周到的公共服务设施配置是德国特大型会展建筑公共服务水平和品质的直观呈现，也是德国特大型会展建筑公共服务空间及整体功能系统专业化、现代化、人本化的重要体现。

1. 现代化的信息服务设施

随着信息化的高速发展，会展公共服务系统广泛应用智能化信息管理技术、电子商务技术以及多种现代化信息和通信技术，保证参展各方能快速获取最新的行业动态、展会资讯、产品信息等。如设置个人多媒体服务终端、无线网络、公共通信设备、二维码信息验证与扫描等（图3-22）。这些现代化的技术与设备大大提高了会展综合服务水平，在很大程度上突破了公共服务在时间与空间上的局限性，并提高了公共服务的时效性与针对性。

（a）杜塞尔多夫会展中心　　　　　（b）慕尼黑会展中心　　　　　（c）科隆会展中心

图3-22　信息服务设施

2. 舒适化的生活服务设施

公共服务空间通常设有咖啡机、自动售货机、饮水机、垃圾分类处、休憩座椅等设施，在提供便利、满足基本需求的同时，使人们在高度密集地观展之余，能方便快捷地享受公共服务带来的舒适与安逸（图3-23）。

图3-23　生活服务设施

3．人性化的无障碍设施

无障碍设施的完善是德国特大型会展建筑的特点之一，体现出德国会展建筑人本化设计的先进性。一方面，德国特大型会展建筑在基础无障碍设计方面较为完备，具有一套涵盖整个参展过程的基本设施和服务，包括符合无障碍设计要求的专用停车位、专用卫生间、专用电梯、专用通道、医疗站，以及在场馆出入口与室外公共活动场地中的无障碍设计等。如图3-24～图3-28所示，法兰克福会展中心、慕尼黑会展中心、科隆会展中心等均在建筑各个部分设计了完善的无障碍服务设施，并在场馆网络信息和展会宣传册中有专项图解介绍供大众参阅。

另一方面，除基本的无障碍设施，部分会展中心还设有独特的无障碍功能空间，如杜塞尔多夫会展中心内设有残疾人友好型（Disabled-friendly）餐厅（图3-29）。不仅如此，德国特大型会展中心还配有助听设备、轮椅等可租赁设施以及相应的无障碍人工服务。

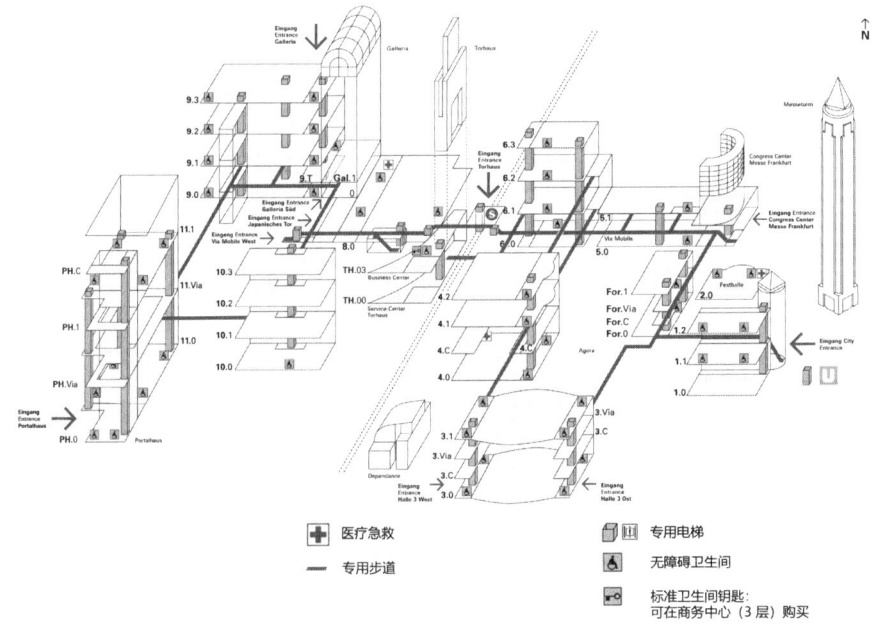

图3-24　法兰克福会展中心无障碍设计分布

（来源：法兰克福会展中心官网）

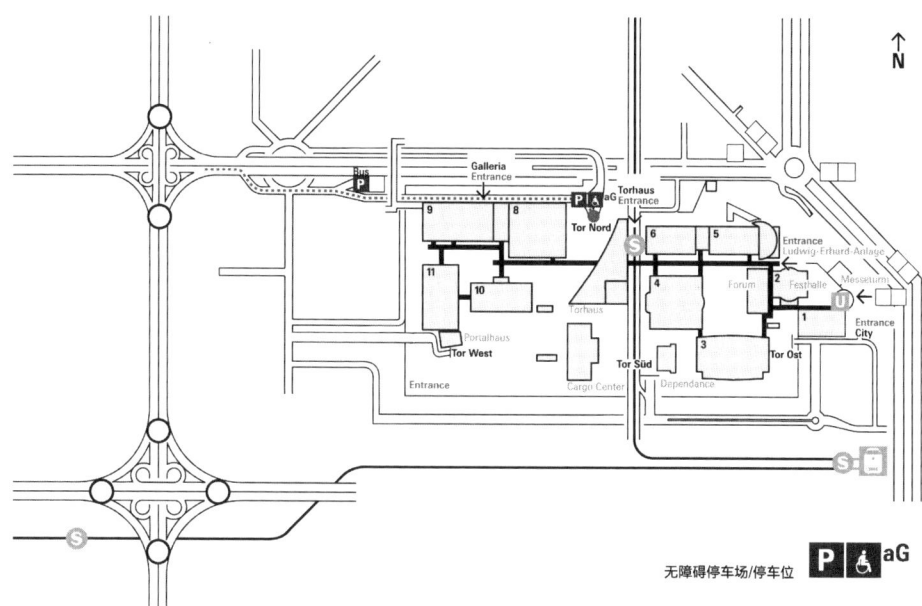

图3-25　法兰克福会展中心无障碍停车场/停车位

（来源：根据场馆资料整理绘制）

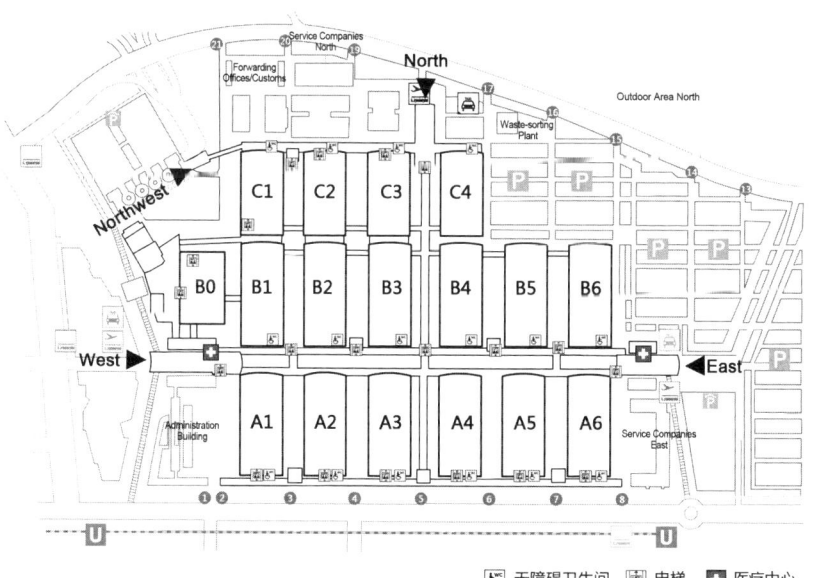

图3-26　慕尼黑会展中心无障碍设计分布

（来源：根据场馆资料整理绘制）

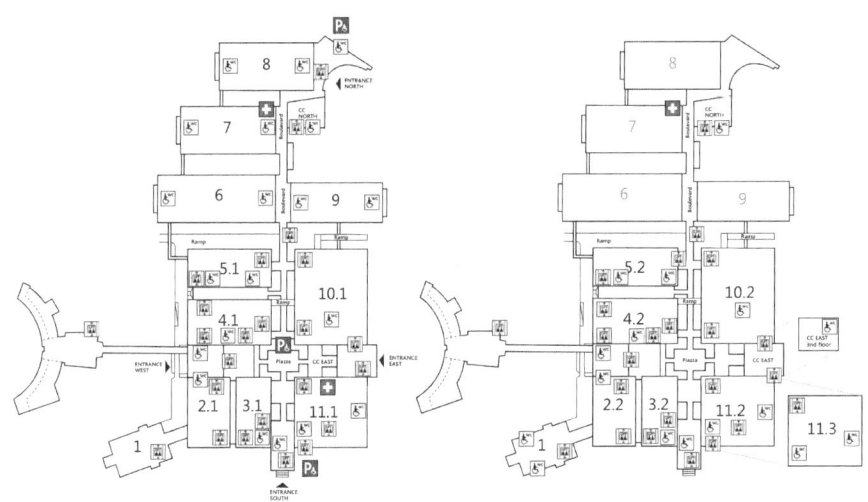

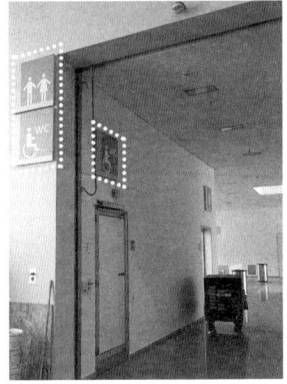

无障碍卫生间　　电梯　　无障碍停车场/停车位　　医疗中心

图3-27　科隆会展中心无障碍设计分布

（来源：根据场馆资料整理绘制）

图3-28　科隆会展中心无障碍设施

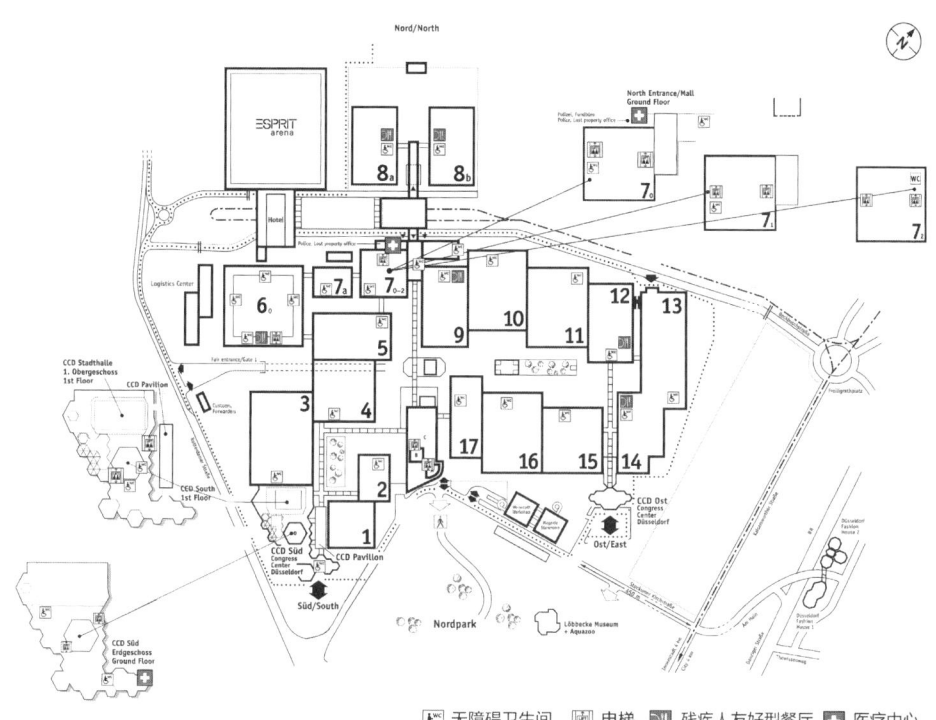

图3-29　杜塞尔多夫会展中心无障碍设计分布
（来源：根据场馆资料整理绘制）

3.3.4　景观环境设计

公共服务系统的景观环境设计是提升其空间品质的必要途径，其主要方式包括：将中央主通道与中央庭院结合、展厅与室外庭院结合、入口大厅与景观广场结合，或在休息区、人流通行区设计景观小品，成为休憩交流的积极空间，为使用者营造美观、舒适、自然的环境氛围，提高公共服务空间使用的满意度。同时，德国特大型会展建筑的景观设计兼顾丰富与层次，并不是简单的大面积绿化，而是从中央庭院、集中绿化到局部的室外场地，再到半室外和室内部分区域，通过草地、水景、景观植物等搭配，营造出不同尺度、不同区域、不同层级的景观环境，形成公共、半公共、半私密、私密的类型清晰又有机结合的舒适场所（图3-30）。

图3-30　公共服务空间不同的景观环境设计

第 **4** 章

公共服务空间
设计案例解析

4.1 汉诺威会展中心

4.1.1 总体规划概况

汉诺威会展中心于一处原是飞机制造厂的基地上建设而成，旨在成为当时西德最主要的展览场地之一。之后经历多次的改扩建并承办了2000年世博会，整体建筑群已具有会展城的特点，其中包含一批在建筑领域知名的改扩建工程项目，如托马斯·赫尔佐格（Thomas Herzog）设计的26号展厅（1996年）、GMP建筑设计事务所联合SBP国际建筑设计有限公司设计的4号展厅（1996年）和8、9号展厅（1999年），以及为2000年世博会而进行的最后一次整体扩建和规划完善。现在，经过多年不断整合优化的汉诺威会展中心已成为德国总展览面积最大的会展中心。但由于展馆数量多、整体规模巨大，其总体布局较为均质和分散，基本呈环绕式布局，场地内设有10个出入口，西边3个、南边2个、东边2个、北边3个，均匀分布在场地四周。公共服务空间除设置在各主入口门厅和各展厅内，还在东侧的带状中心庭院内集中设置了信息中心（IC-Information Center）和会议中心（CC-Convention Center），相关的公共服务空间集中配置在这里，同时为周边环绕的展厅提供服务（图4-1）。

4.1.2 公共服务功能布局

1. 入展登录

汉诺威会展中心南1入口和北1入口相对独立，其余8个出入口均是临近某一展厅或直接与展厅相通。因承办的展会规模大，各门厅以入展登录为主要功能，呈线性排开，有利于大量人流集中办理票务手续和快速进入。以西1入口为例，如图4-2，西1入口与13号展厅相连，大厅前区的连续弧形顶棚为入展提供了过渡和缓冲的灰空间，其票务和登录功能在门厅内呈线性横向依次排开，动线简洁，票务及登录入口多，有利于大量人流快速进入门厅内区。

2. 餐饮服务

汉诺威会展中心的餐饮服务空间遍布展场内、会议中心及各展厅中，共有24个

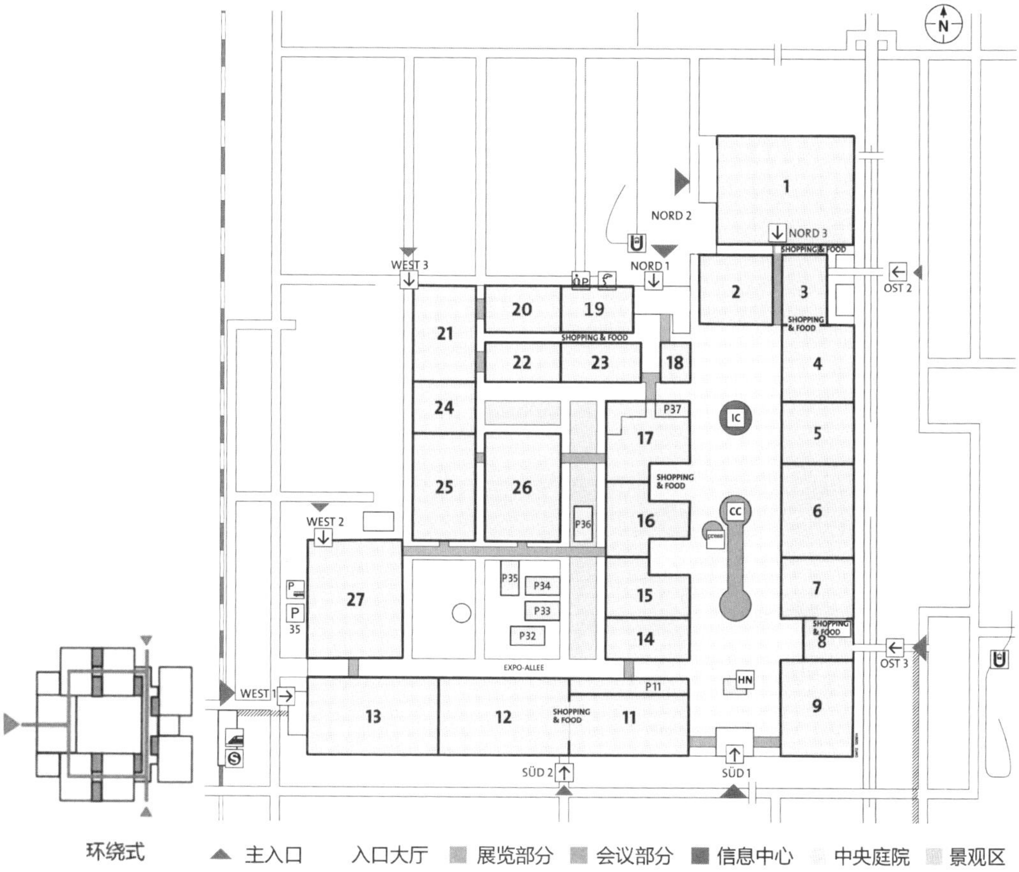

图4-1 汉诺威会展中心总体规划布局

图4-2 汉诺威会展中心西1入口公共服务空间模式解析

餐厅，其中自助式餐厅10个，服务式餐厅14个，就餐座位总计达10293个（表4-1、图4-3）。根据所需规模和西式用餐习惯，餐厅布局也不局限于室内区域，常常在大型展会期间拓展到门廊和庭院，形成室内外结合的用餐环境（图4-4）。值得一提的是，汉诺威会展中心在靠近东入口和3号展厅区域，独立建设了目前世界上最大的展会餐厅Münther Halle，室内就餐座位达3200个，室外庭院座位可达400个，在展会和非展会期间均可承办大型宴会及各类活动，并提供网上预订服务（图4-5）。此外，汉诺威会展中心基本在各展厅区域设有小型的餐饮零售区，总座位数达910个，主要提供各式饮料酒水及糕点小吃[1]。

汉诺威会展中心餐厅信息统计　　　　　　　　　　　表4-1

序号	位置	餐厅名称	餐厅性质	餐厅布局	座位数（个）	
					室内	门廊/庭院
1	展场内	Münther Halle	服务式	室内+庭院	3200	400
2	会议中心	Presse-Club	自助式	室内	250	—
3	展场内	Haus der Nationen	服务式	室内+庭院	260	100
4	展厅2	Galeria	服务式	室内+门廊	200	136
5	展厅3	Lons-Stube	服务式	室内+门廊	134	40
6	展厅3	Leibniz-Stube	服务式	室内+门廊	157	40
7	展厅4	Markthalle	自助式	室内	146	—
8	展厅4	Springtime	服务式	室内	150	—
9	展厅5	Hannover	自助式	室内	270	—
10	展厅6	Nelson	服务式	室内+庭院	320	255
11	展厅8	Merkur	服务式	室内	300	—
12	展厅9	Derby	自助式	室内	160	—
13	展厅11	Bauernstube	服务式	室内	251	—
14	展厅12	Boulevard	自助式	室内+庭院	350	150
15	展厅13	Brasserie	服务式	室内	316	—
16	展厅13	Globus	自助式	室内	250	—
17	展厅14	Pizza Italia	服务式	室内	150	—
18	展厅15	Osteria	服务式	室内+庭院	230	80

[1] 数据来源：根据汉诺威会展中心官方餐饮服务介绍资料及实地调研统计计算。

续表

序号	位置	餐厅名称	餐厅性质	餐厅布局	座位数（个）	
					室内	门廊/庭院
19	展厅17	Berlin	服务式	室内+庭院	408	50
20	展厅21	Tivoli	自助式	室内	290	—
21	展厅23	San Francisco	自助式	室内	250	—
22	展厅25	Am Hermesturm	服务式	室内+庭院	200	100
23	展厅26	Orangerie	自助式	室内	300	—
24	展厅27	Crossover	自助式	室内+庭院	300	100
				座位数总计	10293	

（来源：汉诺威会展中心官方餐饮服务介绍资料及实地调研统计）

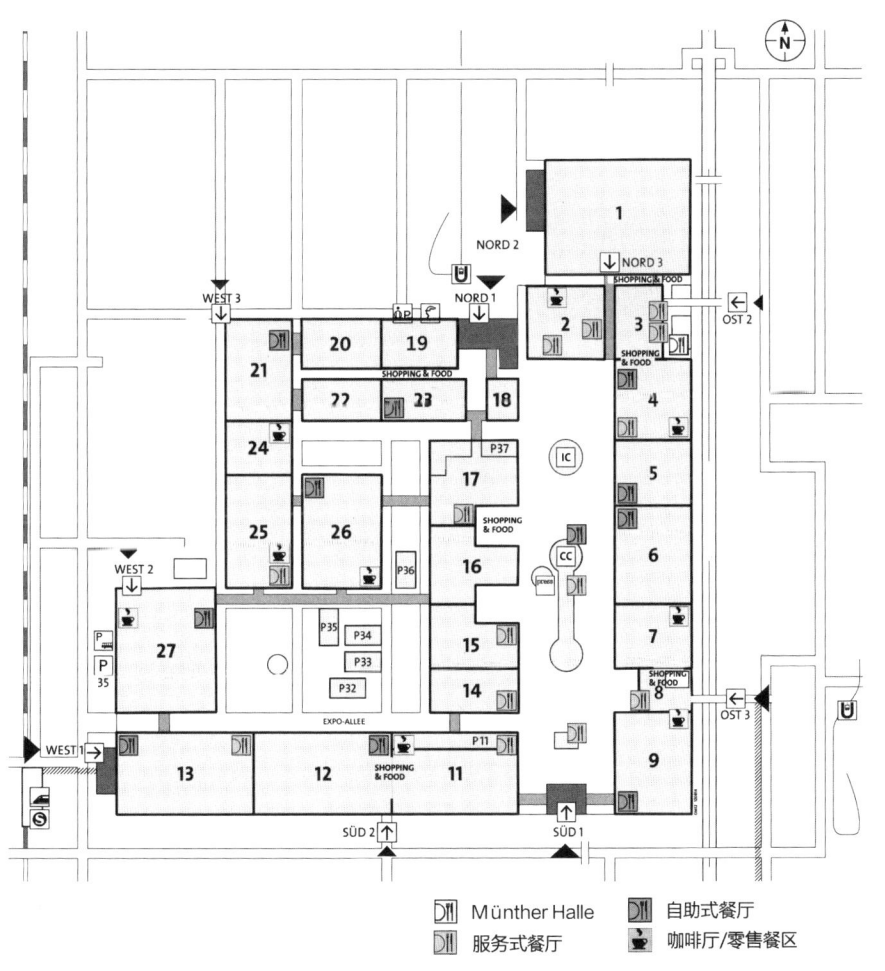

图4-3　汉诺威会展中心餐饮服务分布

图4-4 汉诺威会展中心餐厅空间布局
（来源：汉诺威会展中心官网）

图4-5 汉诺威会展中心餐厅Münther Halle
（来源：汉诺威会展中心官网）

3. 商业服务

商业空间基本与餐饮空间相结合，形成集式店铺，分散设置于场地内相邻展厅之间的室外区域。其中一部分商业集中位于靠近中央庭院的16、17号展厅之间半开敞区域的两侧，形成一字排列的独立营业店铺，包括小型餐饮、超市、礼品店、纪念品店、五金店、办公用品及打印店等（图4-6）。另一部分商业主要集中在19、23号展厅之间，1、3号展厅之间，以及11、12号展厅之间。其余少部分商业则分散在各展厅中，与餐饮、休闲、信息等服务相结合，集中设有便利店、咖啡吧等。

4. 综合服务

由于规模巨大，汉诺威会展中心综合服务内容与分布广泛，特别是信息服务功能，是特大型会展建筑综合服务的首要内容，遍布于会展中心各主要功能空间（图4-7、

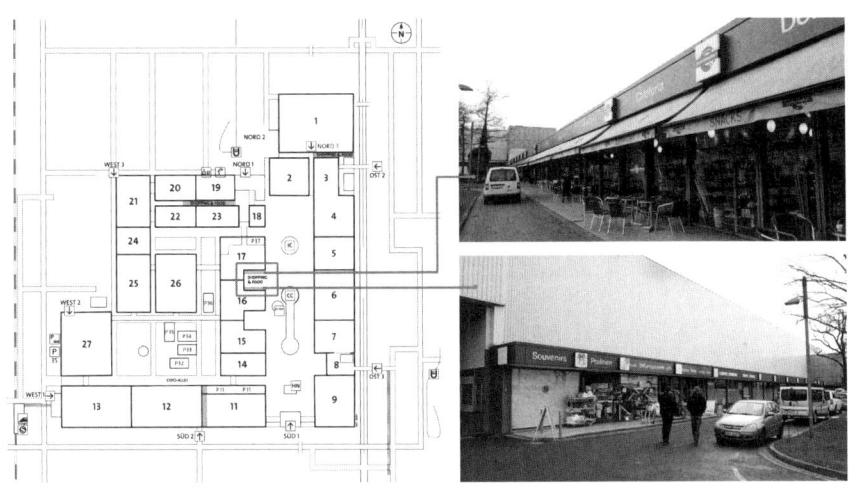

图4-6　汉诺威会展中心商业空间分布

图4-8）。在各展厅中，均设置有信息服务柜台或窗口，提供与展会相关的各类信息与咨询服务，同时也提供相关的无障碍服务（图4-9）。在中央庭院内，设置有独立为参展大众提供一站式服务的信息中心，办公时间为9时至18时[1]，服务内容包括与参展相关的综合服务、商务服务、城市旅游、交通住宿预订等（图4-10）。

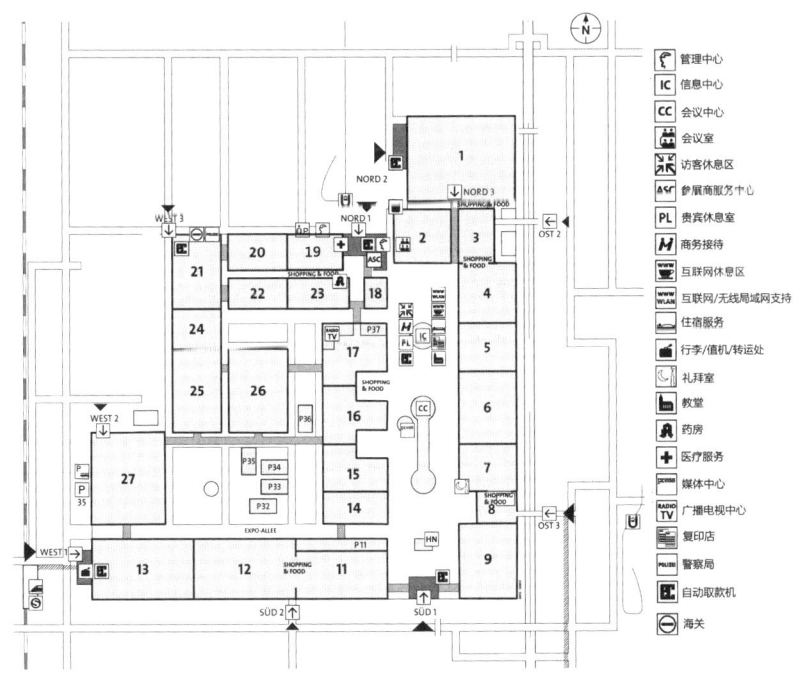

图标	说明
	管理中心
IC	信息中心
CC	会议中心
	会议室
	访客休息区
ASC	参展商服务中心
PL	贵宾休息室
H	商务接待
WWW	互联网休息区
WWW WLAN	互联网/无线局域网支持
	住宿服务
	行李/借机/转运处
	礼拜室
	教堂
	药房
	医疗服务
	媒体中心
RADIO TV	广播电视中心
	复印店
POLIZEI	警察局
	自动取款机
	海关

图4-7　汉诺威会展中心综合服务内容与分布

---

[1] 信息来源：汉诺威会展中心官方介绍资料。

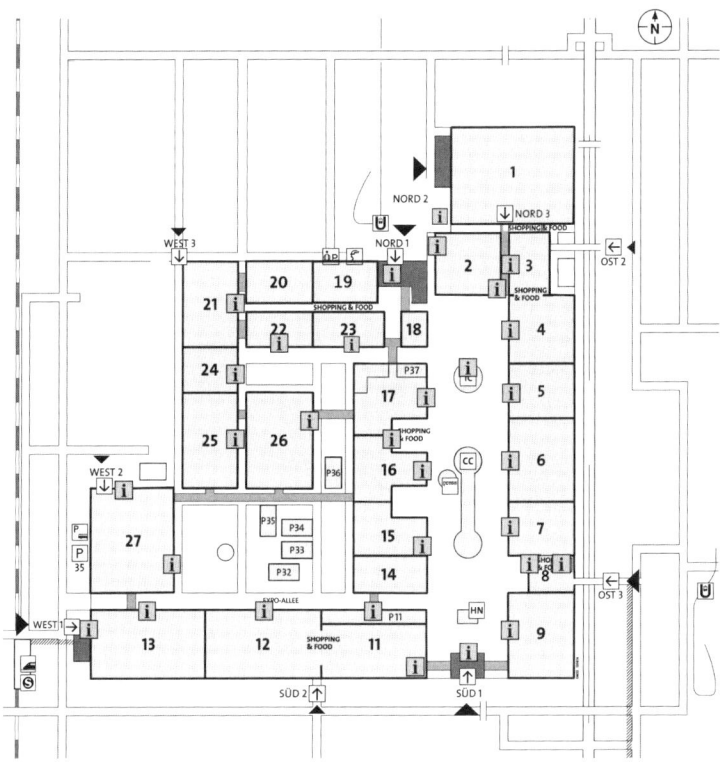

图4-8　汉诺威会展中心信息服务分布

信息咨询　　无障碍设计　自助查询

图4-9　汉诺威会展中心信息咨询台设计

客服中心　　　　　　入口　　　　　ATM　　　业务办理　文印店　宣传册　检查　信息　公共电话

图4-10　汉诺威会展中心IC信息中心

5. 休闲服务

休闲服务空间主要分布于室外，包括三大景观区域：东西向的世博大道（EXPO-ALLEE）、南北入口之间、包含信息中心和会议中心的中央庭院，以及26号展厅与14～17号展厅之间围合形成的带状景观区，其室外休闲区集中于这些景观良好的公共空间，形式多以休憩座椅结合树阵、草坪为主（图4-11）。相比于室外休闲服务部分，汉诺威会展中心的室内休闲部分较少，一些零散的休憩设施分散在各入口大厅和展厅中。

图4-11　汉诺威会展中心室外休闲服务空间分布

4.1.3　公共服务空间组织

1. 主入口大厅区

主要出入大厅包括西1入口（WEST 1）、北1入口（NORD 1）、北2入口（NORD 2）等，均与城市轨道交通站点直接相通（图4-12）。以西1入口为例，西1入口与13号展厅和地铁站相连，从地铁站出来通过传送连廊直达西1入口大厅前区，通过前区标志性的弧形顶棚空间进入大厅后，票务、寄存、咨询等空间集中位于门厅一侧，检票及登录位于门厅中部线性排开，通过检票进入大厅内区。西1入口是相对独立的空间，完成入展登录相关程序后需出门厅沿东侧延伸出的弧形顶棚空间步行至13号展厅，或沿室外区域前往展览园区内东西向的世博大道（EXPO-ALLEE）（图4-13）。

图4-12 汉诺威会展中心北1（NORD1）、北2（NORD2）入口与城市交通

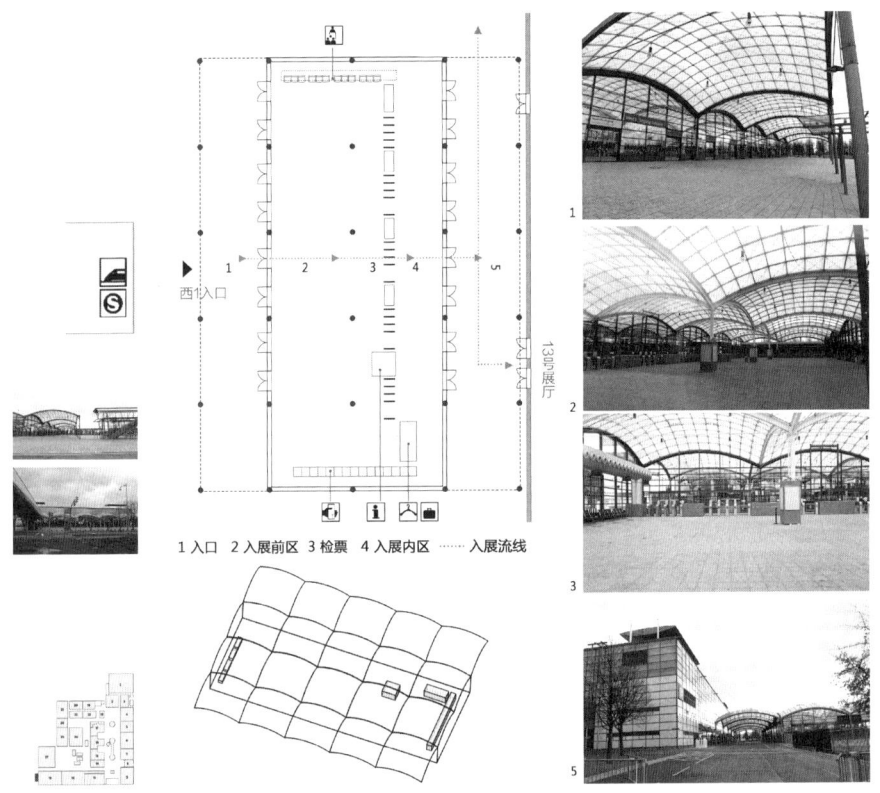

图4-13 汉诺威会展中心西1入口公共服务空间模式解析

2．展厅区

汉诺威会展中心展厅众多，共有27个，均为单层展厅。各展厅中的配套公共服务设施相对独立，每个展厅基本都包括餐饮、信息咨询、卫生间及无障碍专用厕位、小型洽谈室、休憩区或多功能室等。但汉诺威会展中心的各个展厅是由不同设计师或事务所在不同时期分批设计完成，各展厅空间形态差异较大，因此其配套的公共服务空间模式自成体系（表4-2）。

汉诺威会展中心各展厅公共服务空间信息统计　　　　表4-2

展厅	技术指标 面积（m²）	公共服务空间											
		位置	层数	咖啡区	餐区/餐厅	卫生间	信息咨询	公用通信	小型洽谈	休闲及多功能	寄存	商业	其他
1	—	西侧	一层	√		√	√				√		ATM
2	15635	南北两侧	一层	√	1	√	√	√		√			
3	14045	东/西/北	带夹层	√	1	√	√			√	√	√	
4	19855	南/北/西	带夹层	√	1	√	√	√	√			√	
5	16745	东西两侧	一层	√	1	√	√			√			
6	23055	东西两侧	带夹层	√	1	√	√						
7	10555	四周	一层	√	1	√	√	√					教堂
8	6990	北侧西侧	一层	√	1	√				√			教堂
9	23590	东西两侧	一层		1	√	√	√		√			
11	23985	南/北/东	带夹层	√	1	√	√					√	
12	22025	南北两侧	带夹层	√	1			√				√	
13	23635	南/北/西	带夹层	√	2	√	√	√			√		ATM
14/15	20630	南/北/西	一层	√	2	√	√	√		√		√	
16	12610	北侧	一层	√		√	√	√		√			
17	18590	南侧/西侧	一层	√	1	√				√		√	
19/20	14390	北侧/东侧	一层	√	1	√	√			√			
21	16515	四周	带夹层	√	2	√			√		√	√	ATM、海关
22	7550	南北两侧	带夹层	√		√	√						
23	9045	四侧/南侧	带夹层	√	1			√		√			
24	7900	西侧/南侧	一层	√	1	√				√			
25	17775	北侧东侧	一层	√	1	√		√					
26	21480	东西两侧	一层	√	2			√		√			
27	31100	四周	一层	√	2	√	√		√	√	√		

注：10、18号展厅非常规展厅，数据暂缺。表格中公共服务空间的相关统计数据仅针对调研期间处于开放使用的服务内容。

　　13号展厅的公共服务空间（图4-14）主要位于和西1入口相邻的西侧短边，包括寄存、ATM、餐厅和小型咖啡吧、卫生间等。在南北两个长边的中部和东侧端部设有点式公共服务空间，其中，中部包括公共电话通信设施、无障碍卫生间、信息咨询台，东侧端部包括一个餐厅、一个食品零售点、卫生间以及公用电话。各公共服务空间以相对独立的长方体或正方体位于展厅中，高度和展厅屋顶结构下部平齐，体块内局部设置两层。

　　12号展厅的公共服务空间（图4-15）集中在南北两侧的长边处，且在北侧集中设置了与展区空间分隔的独立餐饮空间，以便餐饮区既可为展厅服务，又可直接对外营业，方便世博大道（EXPO-ALLEE）上的参展者就餐。由于汉诺威会展中心的各展厅相对独立，因此其餐饮和商业部分通常是既可直接服务于展厅内部，同时又具有对外的独立入口，面向展厅周边提供服务（图4-16）。

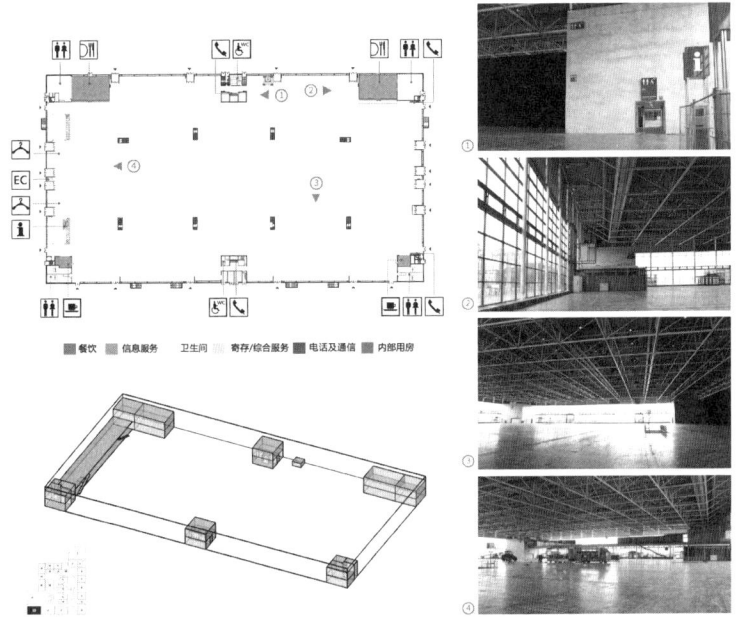

图4-14　汉诺威会展中心13号展厅公共服务空间模式解析

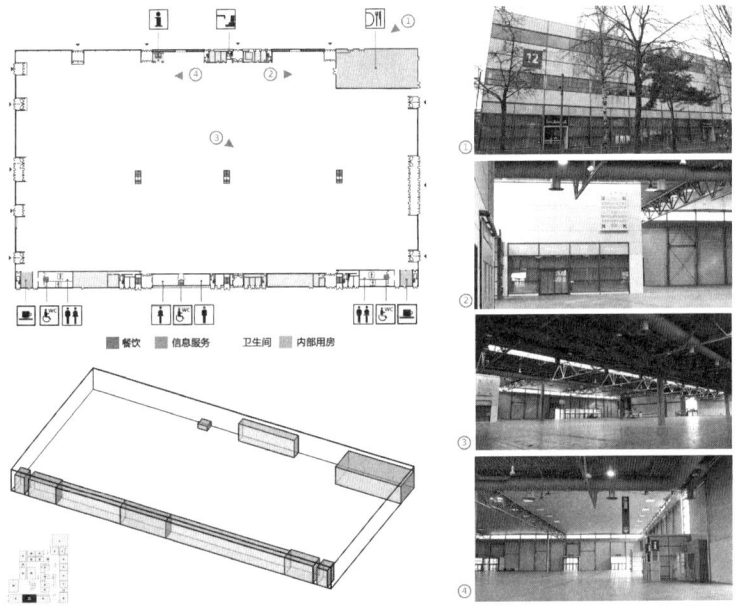

图4-15　汉诺威会展中心12号展厅公共服务空间模式解析

图4-16　汉诺威会展中心不同展厅公共服务的对外营业部分

汉诺威会展中心比较具有代表性的展厅包括由托马斯·赫尔佐格（Thomas Herzog）设计的26号展厅，以及GMP和SBP联合设计的8、9号展厅，其公共服务空间模式也各具特点。

26号展厅是为举办2000年主题为"人·自然·科技"的世博会而设计，因此被视为遵从了一系列现代化展厅设计原则与趋势而完成的设计典范——适用于大跨的结构体系、最大化的空间利用、充分的自然通风以及没有阳光直射的天然采光环境。整个展厅呈长方形，长220m，宽116m，三个悬挂式的连续弧形屋顶将展厅分为三部分，宽阔的单跨区域被用作展览空间，之间的狭窄区域被用作通道空间。展厅东西长边处包含六个高度低于屋顶弧线的立方体，每个弧形屋面下部各包含两个，公共服务部分则位于六个立方体内部，包括一个餐厅、两个酒吧，以及卫生间、无障碍专用厕位以及小型洽谈室等，信息咨询台则靠近立方体布置。这些立方体被插入纵向外立面之中，采用木质面板作为外部覆层，在玻璃外立面中既醒目又融合（图4-17）。

8、9号两座相连的展厅是汉诺威会展中心为举办2000年世博会专门扩建的部分，由GMP建筑设计事务所联合SBP国际建筑设计有限公司于1997年负责设计并于1999年建设完成。8号展厅利用室外楼梯下方空间设有集中的公共服务区，包括餐饮、卫生间等。9号展厅首层四周设有餐厅、卫生间、多功能室等公共服务用房，公共服务用房顶部形成了一条环绕展厅内部四周的长廊，进　步增强了展厅空间的层次感，并为额外的展台或观众席提供了空间（图4-18）。

3. 主通道区

汉诺威会展中心的总体规划并没有核心的中央主通道，而是各展厅环绕形成了上述提到的三大景观区：世博大道（EXPO-ALLEE）、中央庭院及带状景观区，公共服务空间围绕这些室外空间进行布局。中央庭院以信息中心和会议中心为主，提供多元的综合服务，世博大道和带状景观区则以餐饮、小型商业、休闲等功能为主（图4-19、图4-20）。世博大道北侧设有室外展场和为世博会专门设计修建的P32、P33、P34、P35小型展厅（包括木结构"EXPO Canopy"），围绕该区域集中设置了休闲设施，参展者可在其间休憩、停留。世博大道南侧是11～13号展厅，各展厅均有直接对外的出入口，展厅之间通过带顶棚的室外灰空间局部相连，将展厅的公共服务部分联系起来，商店和餐厅结合灰空间布置，并配有室外座椅，使公共服务空间得以拓展和联系（图4-21）。

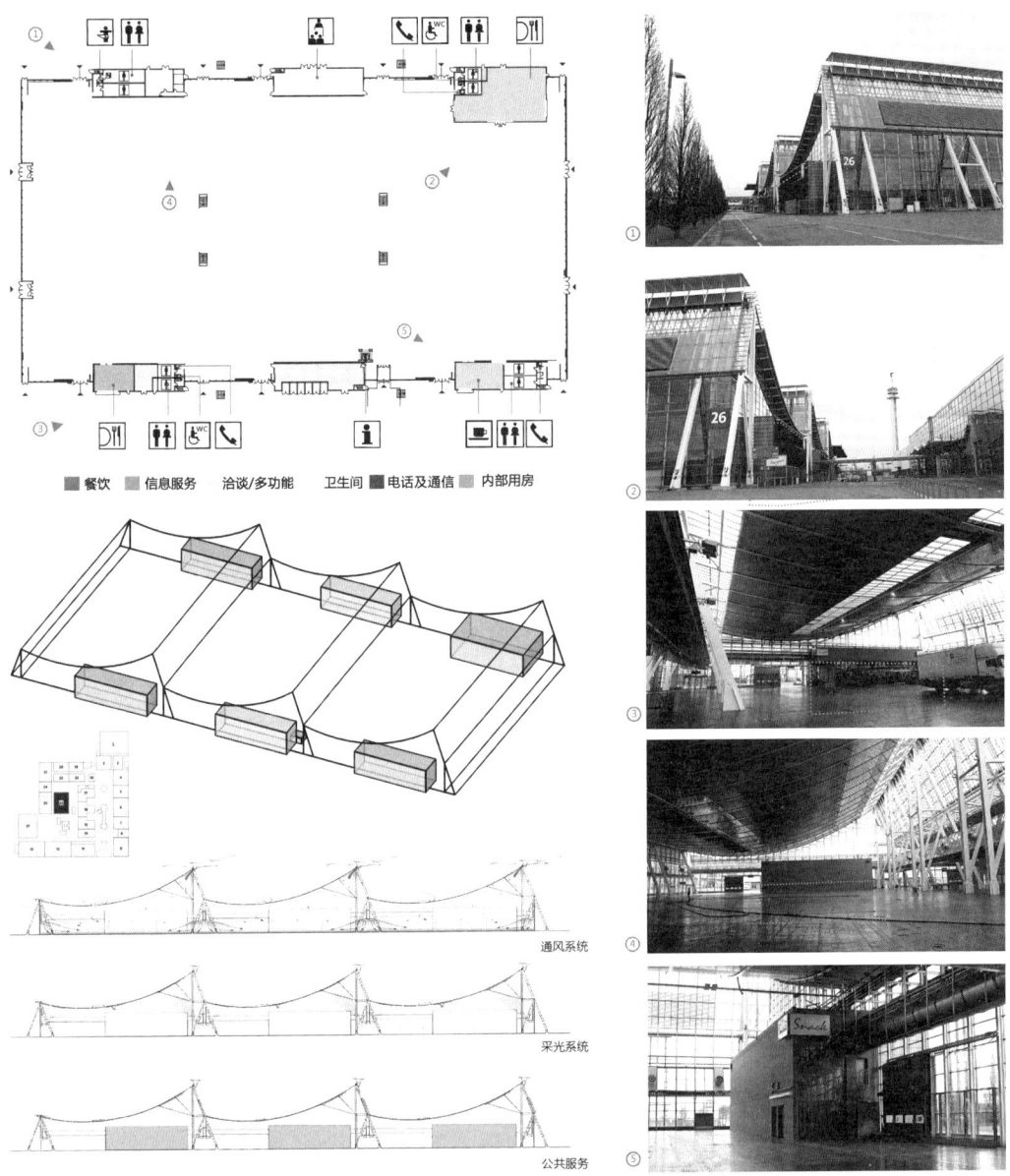

图4-17 汉诺威会展中心26号展厅公共服务空间模式解析

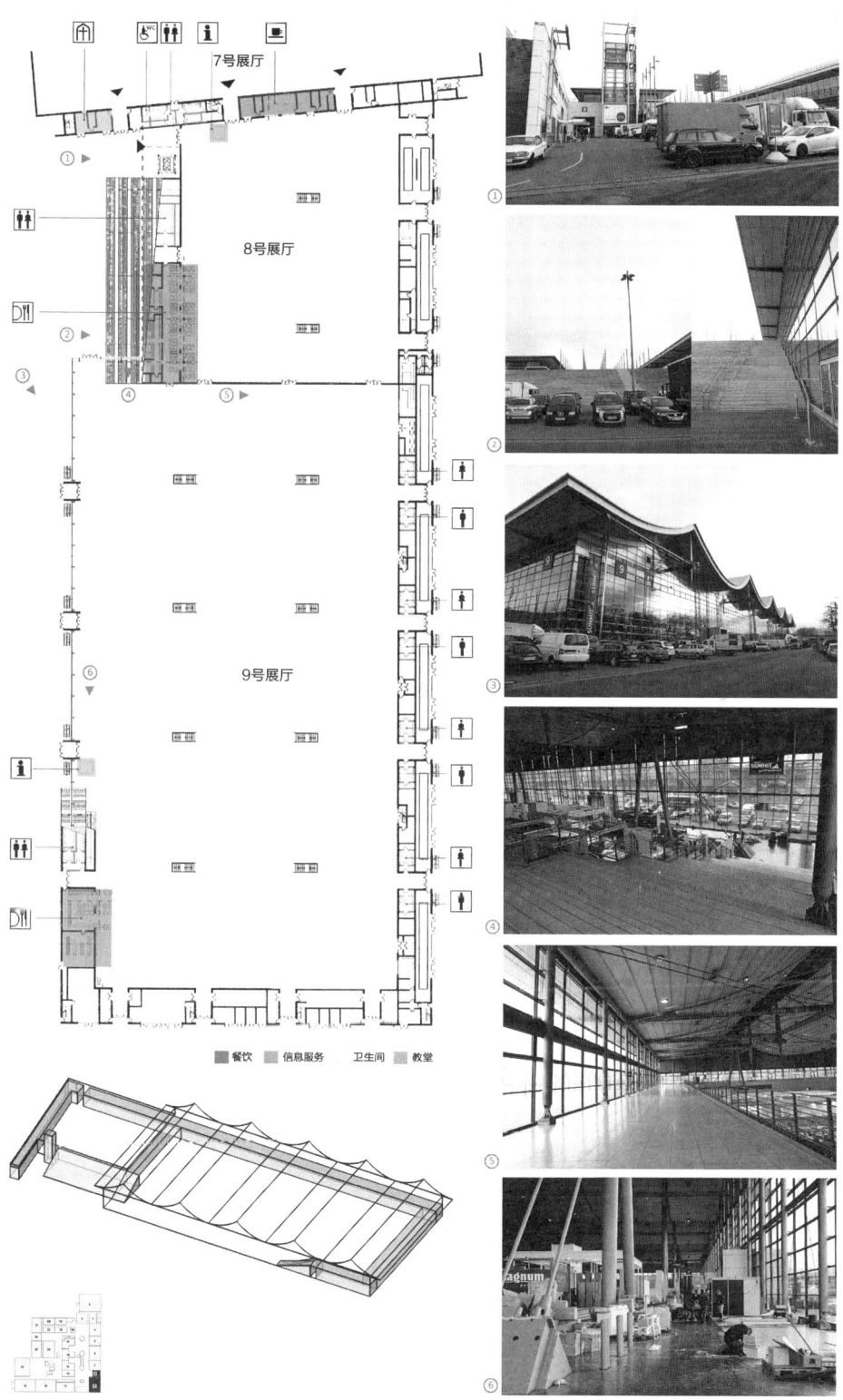

图4-18 汉诺威会展中心8、9号展厅公共服务空间模式解析

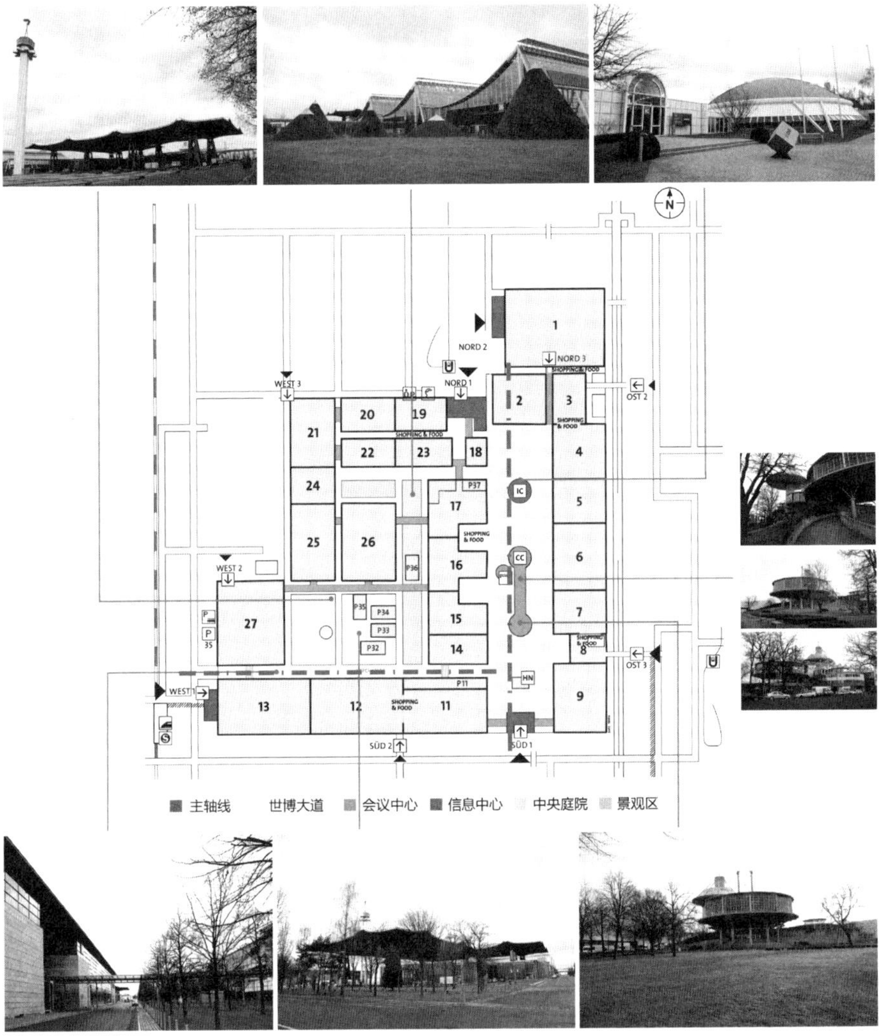

图4-19　汉诺威会展中心公共服务空间整体组织

图4-20　汉诺威会展中心中央庭院鸟瞰
（来源：汉诺威会展中心官网）

11、12号展厅之间　　　　12、13号展厅之间　　　　4、5号展厅之间

图4-21　汉诺威会展中心展厅之间半室外连廊及公共服务空间

4.1.4　公共服务空间特征分析

汉诺威会展中心在建造和改扩建过程中，大多是聘请不同的设计师进行展厅的设计与修建，因此，即使设计师注重了对场地和展厅之间相互关系的整体考虑与把握，其总体布局和各展厅尺度仍较为多变，各功能空间之间的统一性相对较弱，基本靠室外或半室外的廊道、广场和景观形成功能和空间上的关联。各展厅也保持着较强的独立性，其平面、结构、外形均不相同，各自配备相应的公共服务功能（图4-22）。

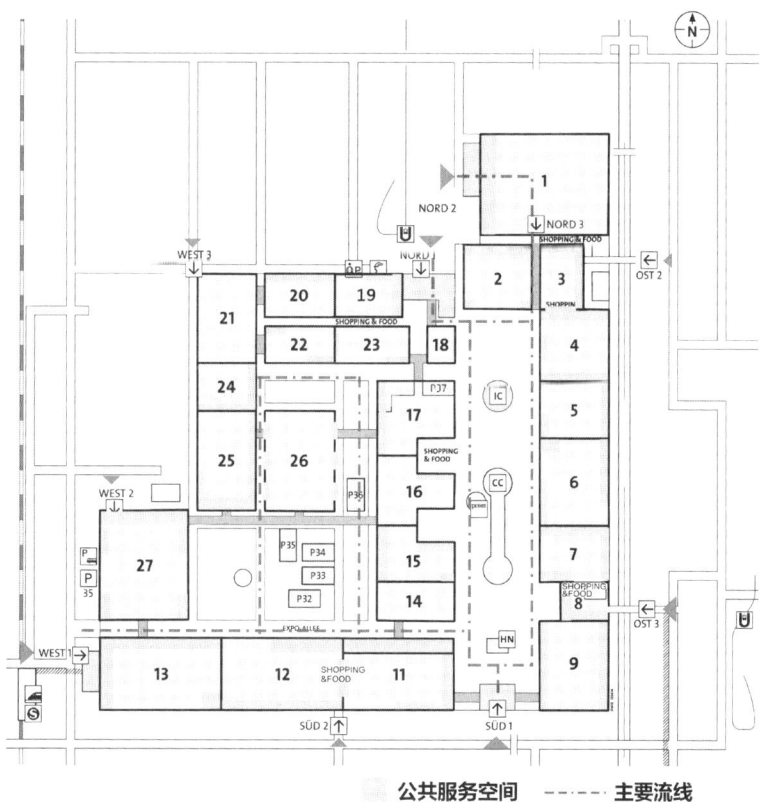

图4-22　汉诺威会展中心公共服务空间系统组织

总体而言，汉诺威会展中心的公共服务空间设计具有如下特征：

（1）由于规模巨大，公共服务空间总规模和分布数量也相对较大，拥有目前世界上最大的会展宴会厅。

（2）公共服务空间以各展厅独立设置为主要方式。展厅以大型单层展厅为主，公共服务空间基本位于展厅边缘呈线性或点状式布局，以单层或局部夹层为主，但具体功能和形态布局均因循不同展厅而具有差异性，其中大部分的餐饮及商业既可服务于展厅内部，又可独立对外经营。

（3）除展厅内部，公共服务空间集中位于中央庭院的信息中心、会议中心及景观区域周边，各主要出入口大厅以提供入展登录所需的票务、寄存、问询等服务为主，其他公共服务内容相对较少。

（4）受早期规划和后期多方改扩建的影响，公共服务空间缺乏统一的规划和秩序性，在一定程度上限制了公共服务空间相互关联的协同辐射效应，在这样超大的展区内，公共服务空间的场所辨识度与认同感较弱。

4.2　法兰克福会展中心

4.2.1　总体规划概况

近800年来，法兰克福市一直是展览业的历史名城，从前的商人们在罗马人市政厅（Römer town hall）聚集和进行贸易，后来迁移到法兰克福展览中心多功能厅（Festhalle）附近洽商。1989年，随着1号展厅和城市之门投入建设❶，法兰克福会展中心获得了令人印象深刻的建筑形象，随后由多位著名建筑师（赫尔穆特·杨、奥斯瓦德·马蒂亚斯·昂格尔及尼古拉斯·格雷姆肖等）参与了不同展厅的设计，使其展厅具有差异化的形态特征。截至2014年，法兰克福会展中心已成为世界前三大会展场馆，每年至少承办50多场展会，其中书展、车展、春秋两季消费品展在世界同类展览中规模显著。

如图4-23，法兰克福会展中心总体布局呈单元串联式，11个展厅顺次相连并围合形成了不同的室外广场或半开放庭院，连接各展厅的室内主通道位于展厅一侧。场地内5个主入口分布在不同地块，包括：连接8、9号展厅的入口（Galleria Entrance）、与城市公共交通直接相接的入口（Torhaus Entrance，含服务中心）、东北入口

---

❶ 法兰克福会展中心1号展厅和城市之门由赫尔穆特·杨（Helmut Jahn）于1989年设计建成，标志着法兰克福会展中心的运营正式开启。

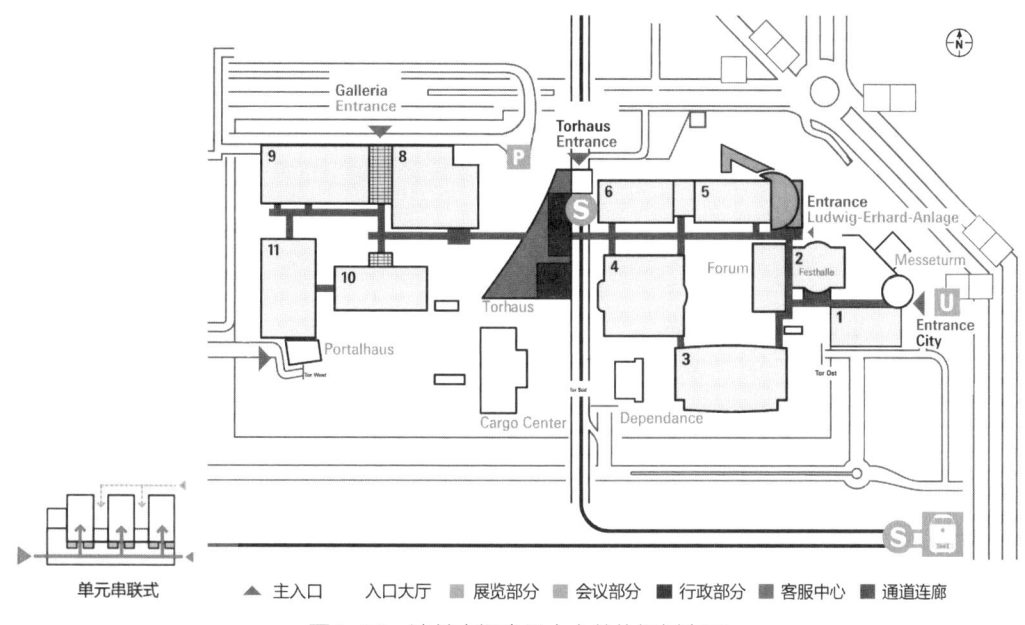

图4-23 法兰克福会展中心总体规划布局
（来源：根据场馆总平面图整理绘制）

（Entrance Ludwig-Erhard-Anlage）、城市之门（Entrance City）、与11号展厅相连的西入口（Portalhaus）。11个展厅均为双层或多层展厅，其中，2号展厅早期为多功能厅（Festhalle），在后期的扩建中，其西侧增设了融合会议、餐饮、休闲等功能的多功能厅（Forum）。场地东北边设有独立会议中心，并与5号展厅相连。公共服务系统除集中布置在入口大厅、客服中心、展厅、会议区等重要核心空间外，在主连廊路径上也设置了相应的公共服务设施和休憩空间。

4.2.2 公共服务功能布局

1. 入展登录

票务、办证、登记、检票、寄存等功能主要集中在与展厅相连的主要出入口大厅中。其中，Torhaus入口大厅直接与城市轨道交通相连，从车站出来可以直接进入，观展者可在此购票、寄存、检票，并进入会展中心内区。

2. 餐饮服务

入口大厅、多功能厅（Forum）以及展厅首层及各夹层中共设有23个餐厅，就餐座位数达3470个，其中，自助式餐厅16个，服务式餐厅7个。这些集中的餐厅在总体布局的水平方向和垂直方向均匀分布，使观展者可在展会活动的不同区域就近用餐，流线便捷。同时，法兰克福会展中心根据空间规模大小及层数多少，在门厅、1号展厅至11号展厅的各层均设有小型咖啡厅或自助式咖啡零食售卖，共计50处，以此更好地满足不同时段、不同区域的展会餐饮需求。咖啡厅、零售点与专用餐厅在布局关系上既有临近结合式，又有分散独立式。总体而言，法兰克福会展中心的餐饮服务功能空间呈现出布局与形式上的均好性与多样性（图4-24）。

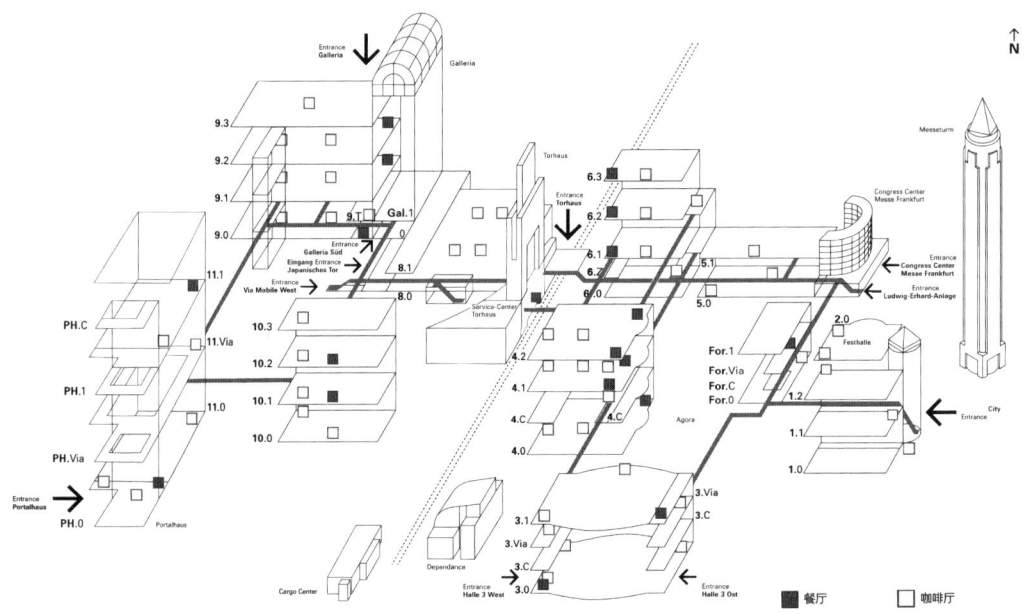

图4-24　法兰克福会展中心餐厅及咖啡厅/零售点分布
（来源：根据场馆资料整理绘制）

3. 商业服务

主要设置了8个超市和3个零售店，分布在不同的展厅和公共大厅。其中，展品销售和纪念品销售结合流线，在人流集中的主通道中结合展廊以线性方式设置展卖，同时也结合门厅、展厅前区布置集中或分散的售卖点。便利超市和综合型零售商店既有单独设立的店铺又可独立对外经营，也有与展品和纪念品销售、餐饮等相结合的分散式布局（图4-25）。

4. 综合服务

综合服务中的信息咨询基本位于入口大厅、展厅前区或展厅夹层空间邻近竖向交通区域（图4-26）。同时，法兰克福会展中心在Galleria入口、西入口Portalhaus等处设有集中式的综合服务窗口，提供医疗、通信、网络等各种公共服务。在Torhaus设有服务中心（Service Center Torhaus），包括多种综合公共服务（图4-27）。

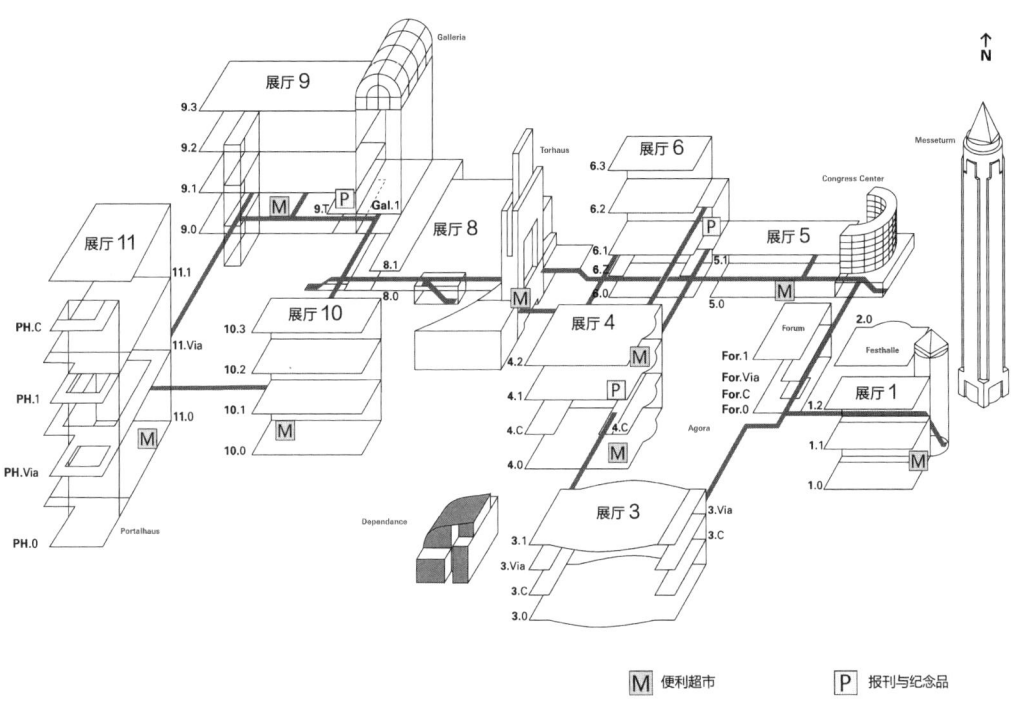

图4-25　法兰克福会展中心商业服务分布

（来源：根据场馆资料整理绘制）

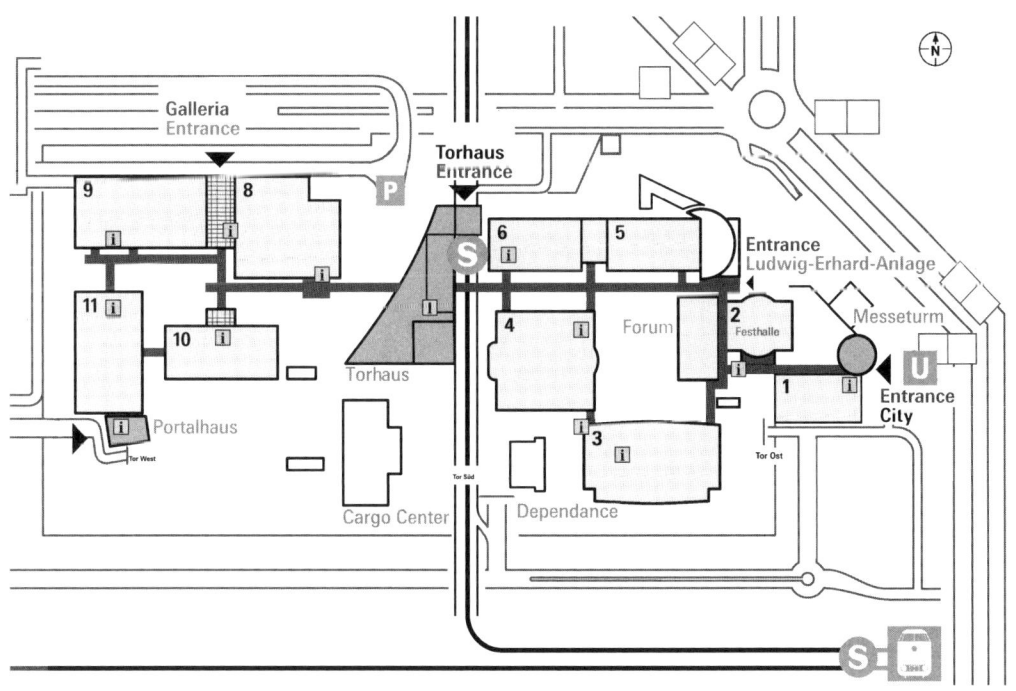

图4-26　法兰克福会展中心信息服务分布

（来源：根据场馆资料整理绘制）

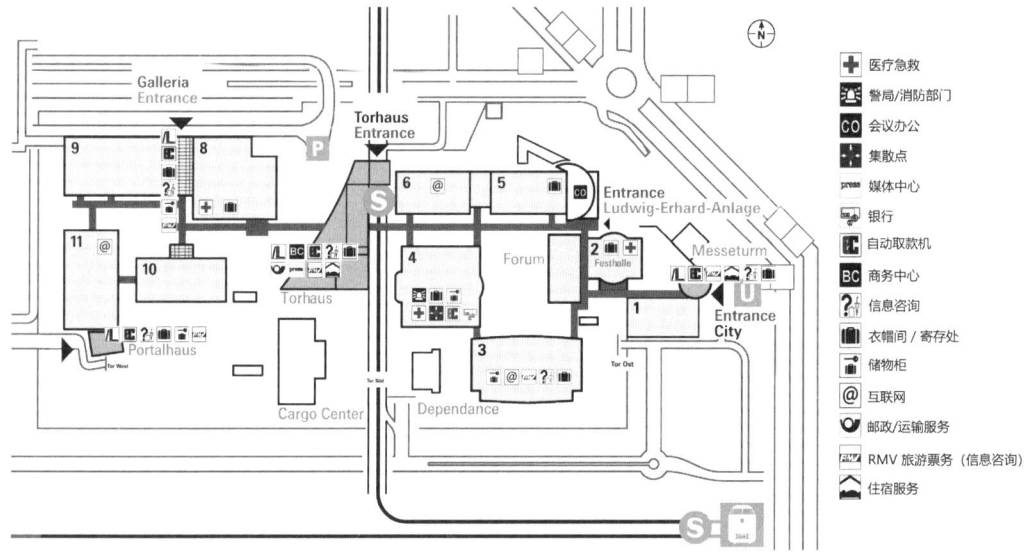

图4-27　法兰克福会展中心综合公共服务分布
（来源：根据场馆资料整理绘制）

5. 休闲服务

各入口大厅均设有休息区和高级休息室。在展厅内也布置有休息室或临时休闲区。同时，在建筑周边室外展场及通道区都设有休憩座椅等（图4-28）。

室外休闲空间　　　　　　　展厅内休闲空间　　　　　　　入口大厅休闲空间

图4-28　法兰克福会展中心休闲空间

4.2.3　公共服务空间组织

1. 主入口大厅区

Torhaus入口、Galleria入口、西入口（Portalhaus）和城市之门（Entrance City）是法兰克福会展中心的主要入口大厅，其中，Torhaus和Galleria的人流最为集中。

Torhaus是多层建筑，位于整个展场中心位置，直接与城际列车相连，车站出入口即

Torhaus的一部分，从车站出来可直接进入Torhaus的票务大厅，大厅提供展会信息、寄存、售票等服务。在Torhaus南部设有服务中心（Service Center Torhaus），除与展会密切相关的综合服务内容外，还特别包括了美发、失物招领、儿童托管、住宿预订等公共服务务（图4-29、图4-30）。

城市之门（Entrance City）也是直接通达公共轨道交通车站的主要出入口，大厅地上与1、2号展厅相通，地下通往车站。入口大厅为圆形平面，公共服务空间围绕圆环周边布置超市、餐饮及休闲空间，中央为上空的交通大厅，方便观展者快速通达展厅各层，在通往1号展厅的主通道中设置了信息咨询、寄存、卫生间等（图4-31~图4-33）。

图4-29 法兰克福会展中心入口（Torhaus）

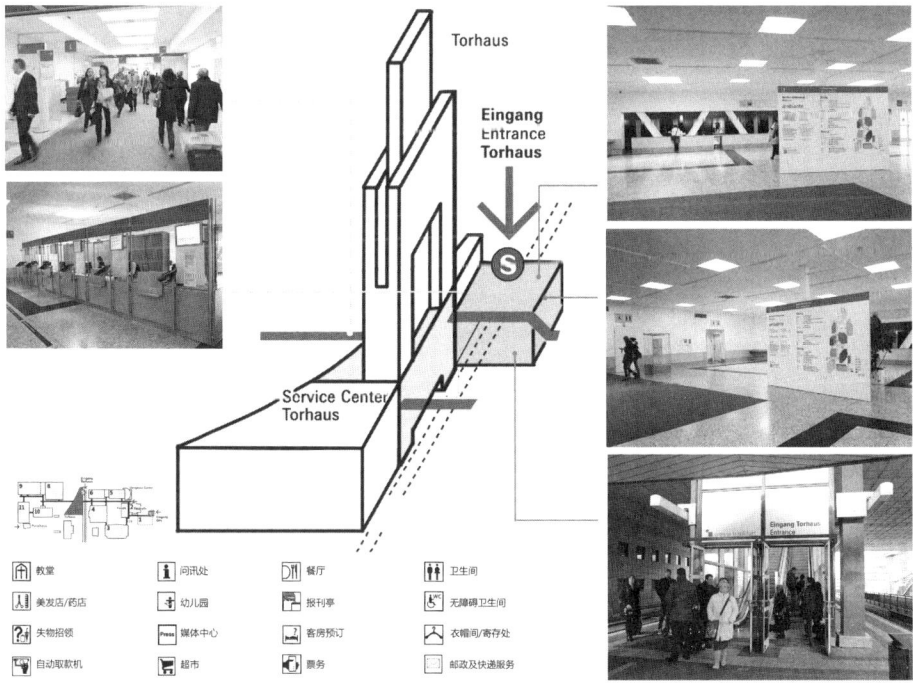

图4-30 法兰克福会展中心入口（Torhaus）公共服务空间布局

89

图4-31　法兰克福会展中心城市之门（Entrance City）

图4-32　法兰克福会展中心城市之门（Entrance City）地下通往公共轨道交通车站

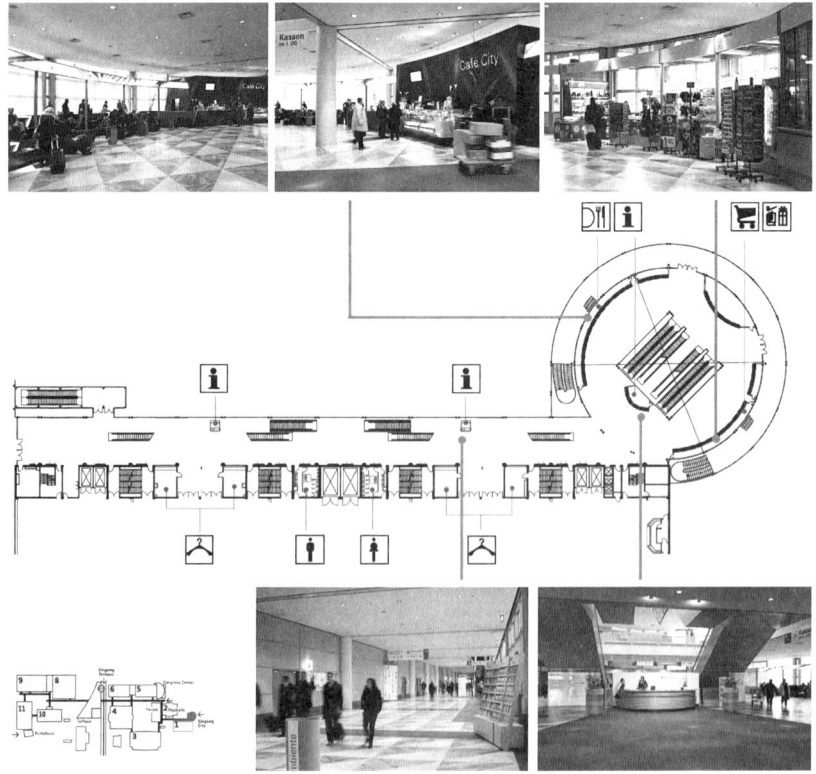

图4-33　法兰克福会展中心城市之门（Entrance City）公共服务空间布局

Galleria是屋顶为拱形的长方形通高大厅，位于8、9号展厅之间，并与10号展厅通过二层架空玻璃连廊相连。Galleria大厅两侧为夹层，东侧夹层集中布置票务办证、信息咨询、寄存、休闲区等，西侧夹层集中布置餐饮、超市、寄存、公共通信等（图4-34、图4-35）。

西入口（Portalhaus）和11号展厅是法兰克福会展中心西部扩建部分的开端，由柏林哈斯彻·耶勒建筑设计事务所于2006～2009年完成设计，并于2009年建成。带有波形曲线的楔形外墙和正立面通高玻璃幕墙构成了具有现代感的入口大厅外观。大厅内部通高空间开敞，局部格栅设计使整个大厅具有韵律感和光影变化效果。大厅前区设有宽敞的接待处、高品质的综合服务空间和宜人的休憩场所，楼梯、长廊、自动扶梯和观景电梯有机结合，形成了四层室内空间的竖向组织（图4-36）。

2. 展厅区

以上主要入口大厅连接了法兰克福会展中心比较有代表性的展厅，如与西入口（Portalhans）大厅相连的10、11号展厅，与Galleria入口相连的8、9号展厅，以及在早期的多功能厅（Festhalle）基础上扩建的新展厅（Festhalle-2）与多功能厅（Forum）。

11号展厅为双层展厅，首层展厅设有夹层，公共服务空间位于东西两侧长边。首层东侧公共服务空间两端各包括一个集中式餐厅，中部设置卫生间及配套用房，西侧靠近门厅处有咖啡吧、卫生间、洽谈室等。首层夹层为环形通廊，东侧设有小型咖啡吧，西侧夹层以卫生间和辅助用房为主。二层展厅公共服务空间布局基本和首层相同（图4-37、图4-38）。

图4-34　法兰克福会展中心Galleria入口大厅

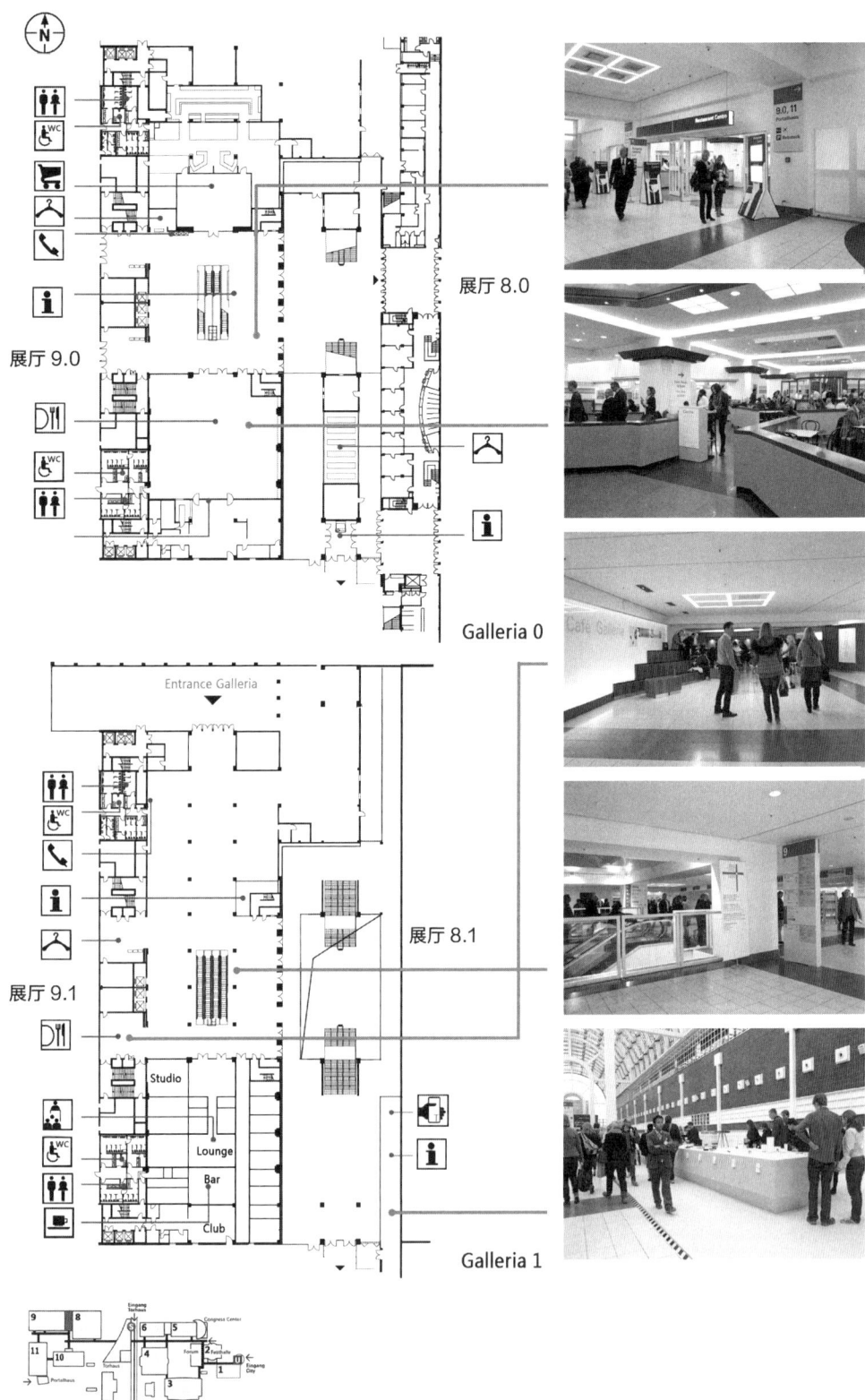

图4-35 法兰克福会展中心Galleria入口大厅公共服务空间平面布局分析

图4-36　法兰克福会展中心西入口（Portalhaus）

（来源：法兰克福会展中心宣传册）

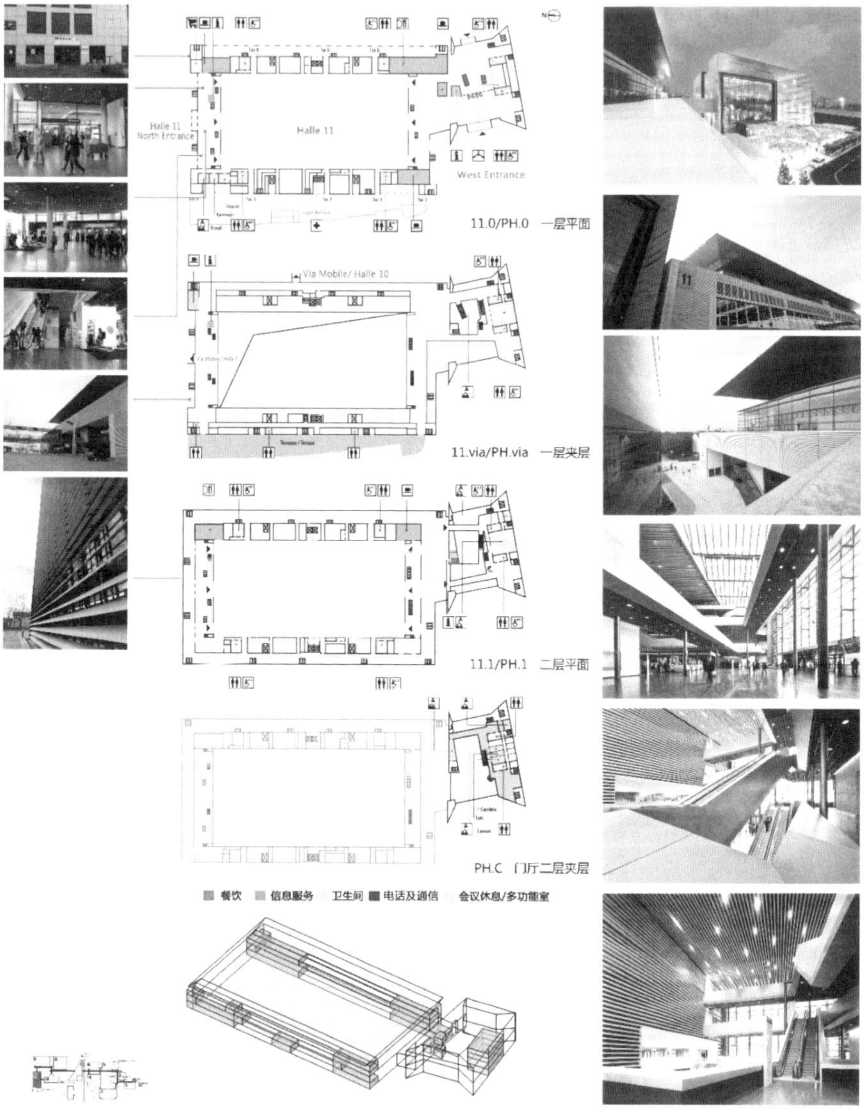

图4-37　法兰克福会展中心西入口（Portalhans）及11号展厅公共服务空间模式解析

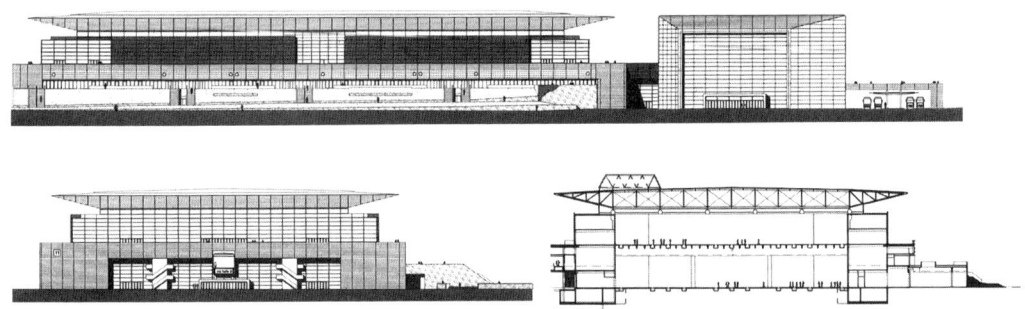

图4-38　法兰克福会展中心西入口（Portalhans）及11号展厅立面、剖面图
（来源：克莱门斯·库施编，卞秉义译，《会展建筑：设计与建造手册》，华中科技大学出版社，2014）

　　10号展厅由设计师奥斯瓦德·马蒂亚斯·昂格尔设计，展厅共有5层，展厅前厅是拱形玻璃交通厅，连接展厅前区，布置有休憩座椅和信息咨询台，两侧是业务咨询和管理办公用房。展厅各层的南侧和西侧布置公共服务空间，包括餐厅、咖啡吧、卫生间、育婴室等，首层近入口处设有超市（图4-39）。

　　8号展厅通过Galleria入口与9号展厅相连，很多重大展会都布置在8、9号展厅，形成核心展会区。8号展厅室内公共服务空间集中位于靠近Galleria入口的一侧，展厅中围绕四个疏散楼梯分别设置了4个小型餐饮零售点。9号展厅除了提供餐饮、休闲空间及多功能用房外，西部还提供了独立停车场，观众可从停车场直接前往展厅各层（图4-40）。

　　展厅Festhalle-2由慕尼黑建筑师弗里德里希·冯·蒂尔施设计，是当时世界上最大的自身支撑圆柱建筑。早期的Festhalle是当时举办重大活动的首选场所之一，既能用于举办商品交易会，还能举办国际性会议和音乐节等大型活动。内部公共服务空间围绕中央的拱形穹顶空间布局（图4-41）。在后期扩建中，又为Festhalle增建了多功能区Forum，配有餐饮、休闲等设施，并可举办大型活动或宴会，新建的多功能区Forum使得Forum-Festhalle区域的公共服务功能更加完善和现代化，具备多种场所、多种功能复合使用的优越条件（图4-42）。

　　除上述较为有代表性的展厅外，如图4-43、图4-44所示，3～6号展厅等其他展厅内也具有独立且完善的配套公共服务系统，各展厅公共服务空间信息统计如表4-3所示。

3. 主通道区

　　各展厅和入口大厅之间均以玻璃通道相连，通道外部是各展厅围合形成的室外场地，通道内部设置展廊、商品展销以及休闲区，同时配有水平传送带（图4-45）。

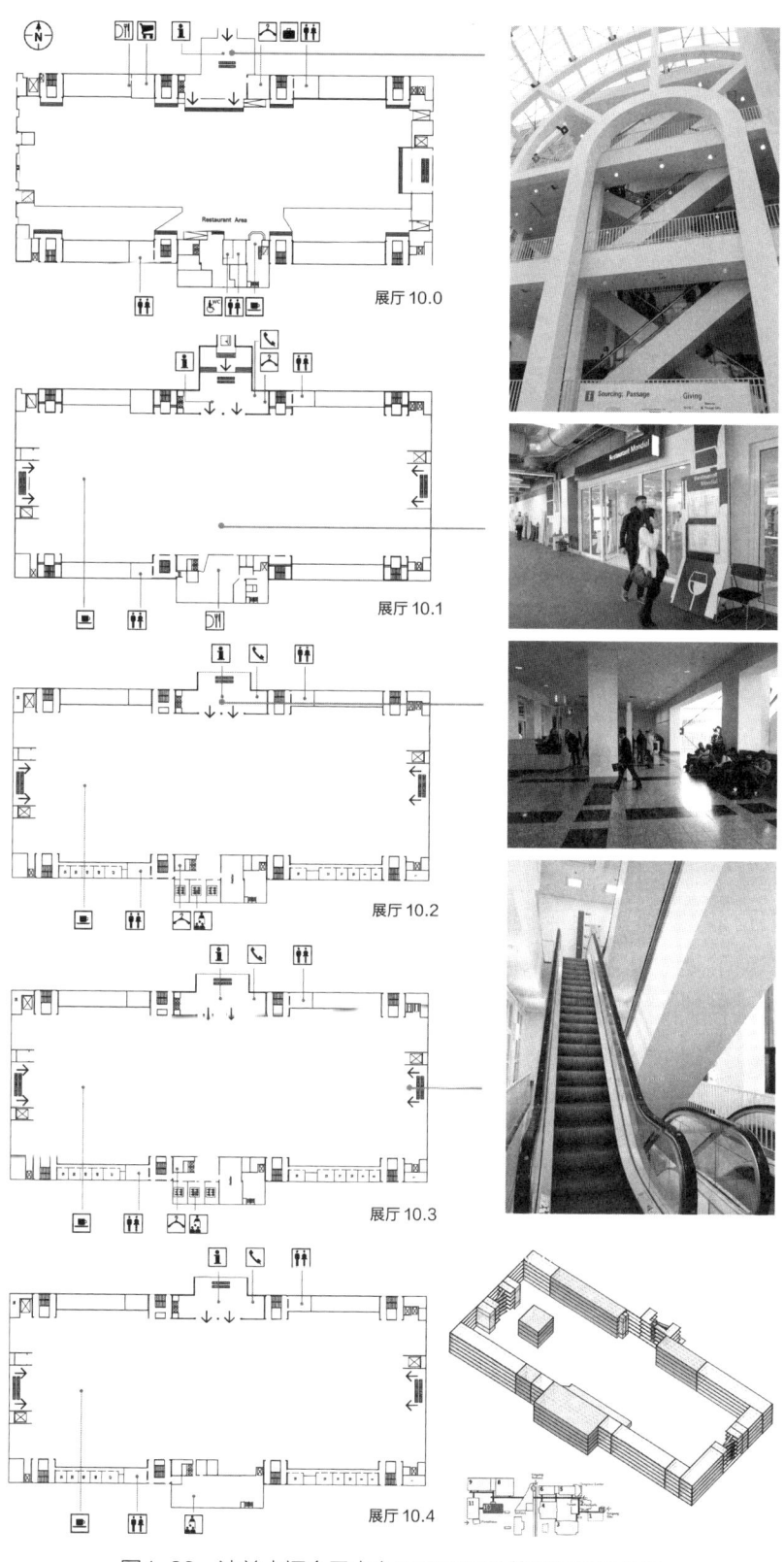

图4-39 法兰克福会展中心10号展厅公共服务空间分析

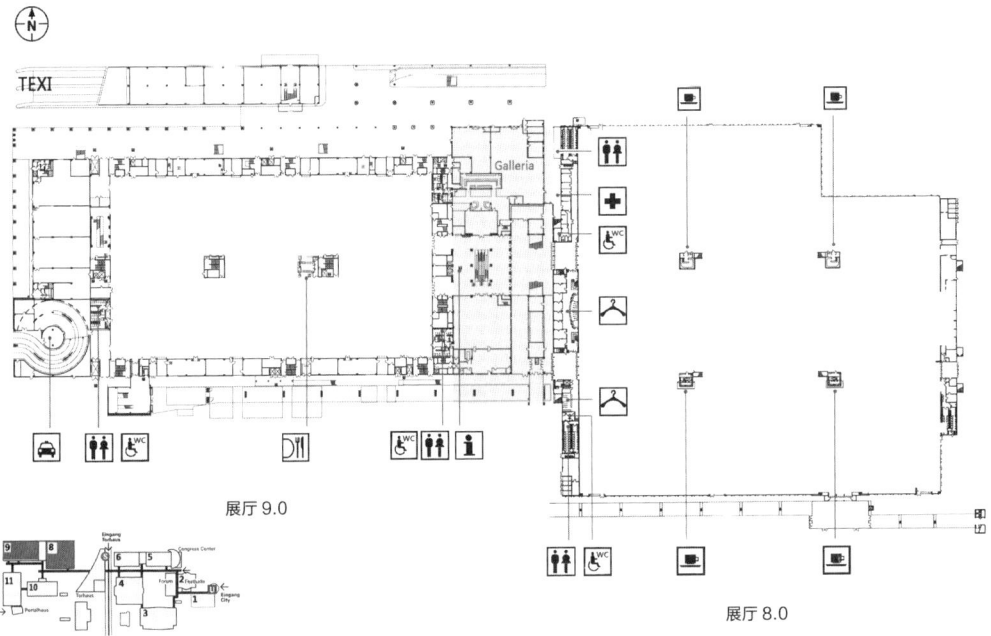

图4-40 法兰克福会展中心8、9号展厅公共服务空间分析
（来源：根据IAA展会资料整理绘制）

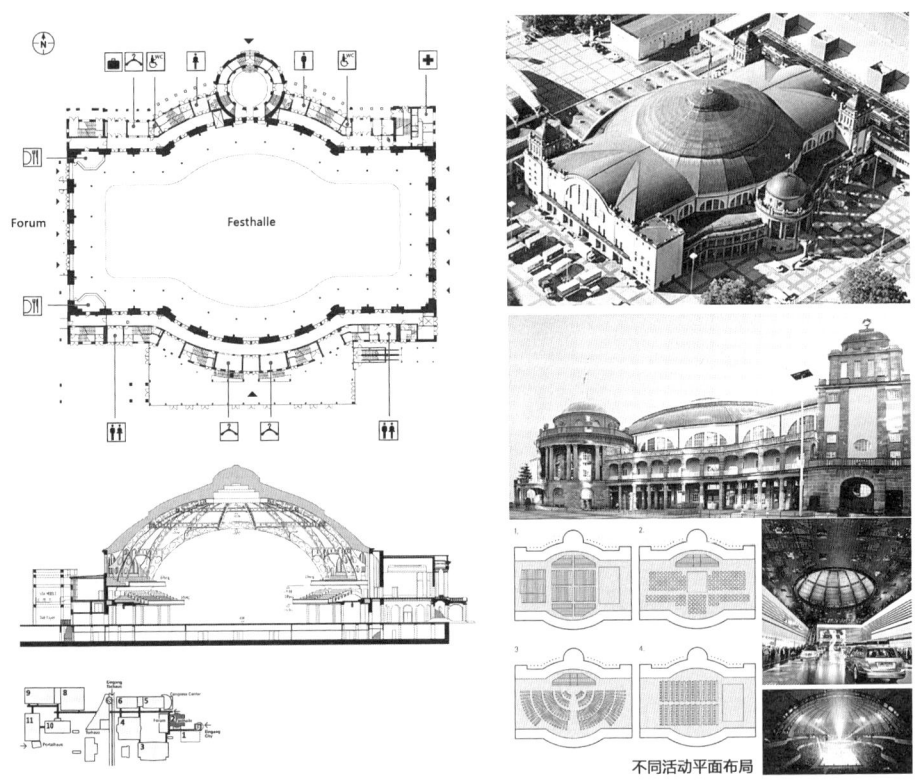

图4-41 法兰克福会展中心展厅Festhalle-2的公共服务空间分析
（来源：根据IAA展会资料整理绘制）

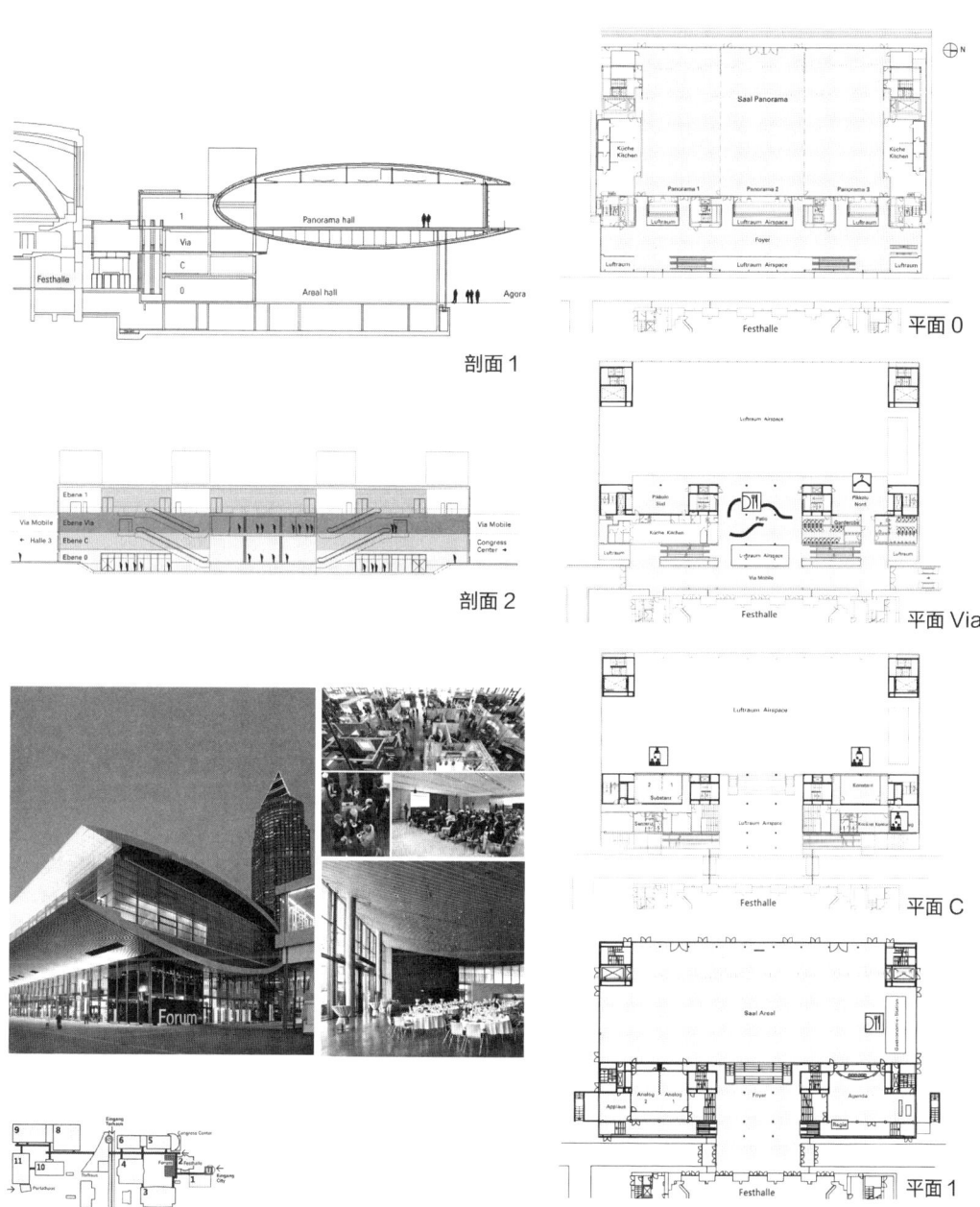

图4-42　法兰克福会展中心多功能区（Forum）公共服务空间布局分析
（来源：根据IAA展会资料整理绘制）

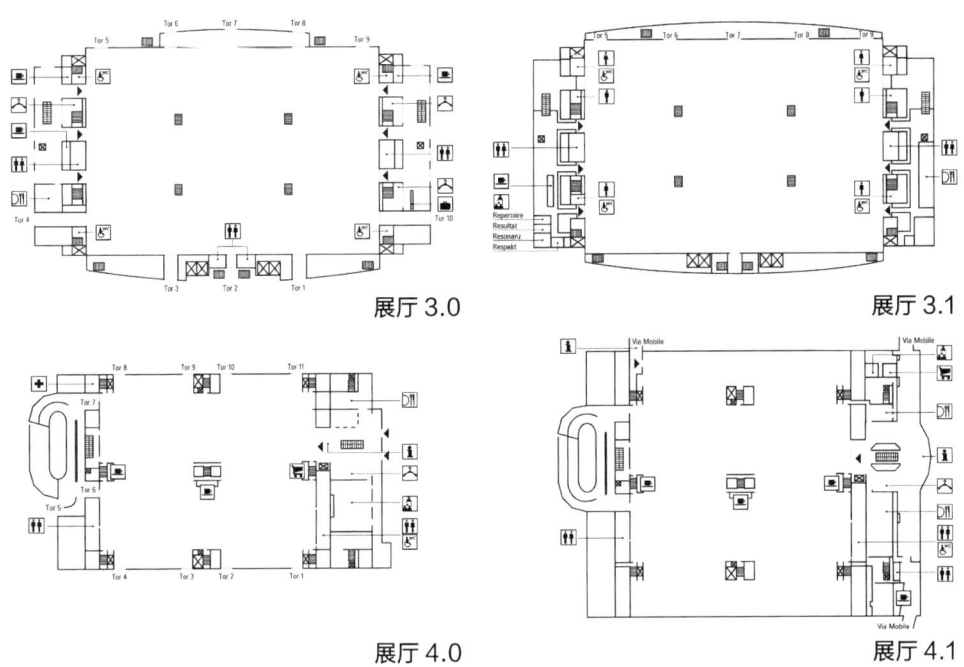

图4-43　法兰克福会展中心3、4号展厅公共服务空间布局
（来源：根据TK展会资料整理绘制）

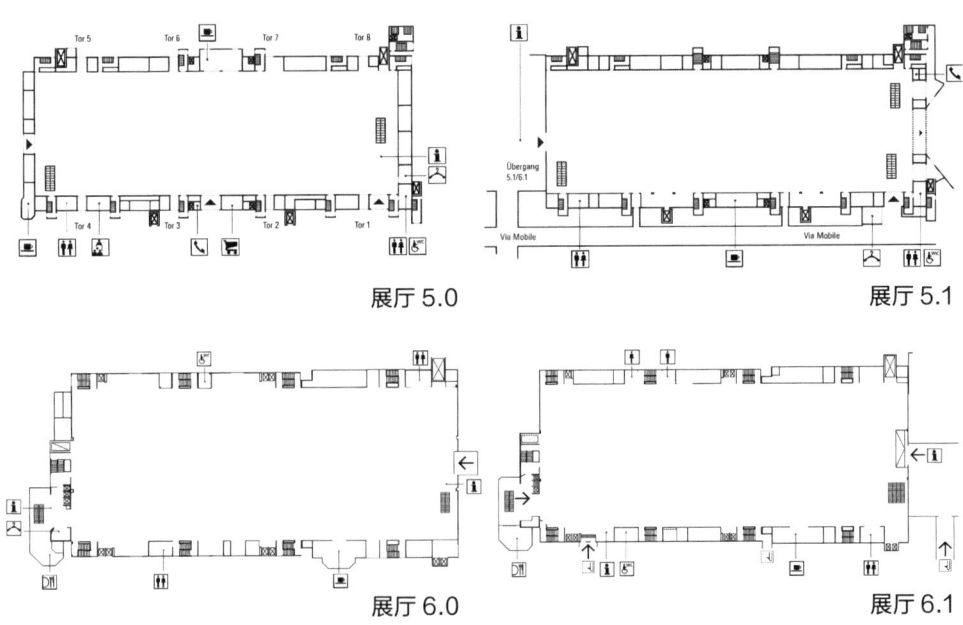

图4-44　法兰克福会展中心5、6号展厅公共服务空间布局
（来源：根据TK展会资料整理绘制）

法兰克福会展中心各展厅公共服务空间信息统计　　　　表4-3

展厅	序号	面积（m²）	高H（m）	位置	层数	咖啡区	餐区/餐厅	卫生间	信息咨询	公用电话	小型洽谈	休闲及多功能	寄存	商业	其他
1	1.1	8883	4.35	南北两侧	一层	✓		✓	✓				✓		
	1.2	8994	7.50	南北两侧	一层	✓		✓	✓			✓	✓		
2	2.0	5646	29.00	南北两侧	带夹层	✓	2	✓	✓			✓	✓		医疗
3	3.0	18495	9.10	东西两侧	带夹层	✓	1	✓	✓	✓	✓	✓			
	3.1	18736	8.80/15.24	东西两侧	带夹层	✓	1	✓	✓	✓	✓	✓			
4	4.0	11267	7.50	东西/中部	带夹层	✓	1	✓	✓			✓	✓	✓	医疗
	4.1	15685	4.50	东西/中部	一层	✓	2	✓	✓			✓	✓		
	4.2	15746	4.50	东西/中部	一层	✓	1	✓	✓			✓	✓		
5	5.0	10243	6.85	南北两侧	一层	✓	1	✓	✓			✓	✓	✓	
	5.1	10517	5.90	南北两侧	一层	✓		✓	✓						
6	6.0	8880	6.75	南北两侧	带夹层	✓	1	✓	✓			✓			
	6.1	8881	4.20	南北两侧	一层	✓	1	✓	✓			✓		✓	
	6.2	8880	4.20	南北两侧	一层	✓	1	✓	✓			✓			
	6.3	8880	4.20	南北两侧	一层	✓	1	✓	✓			✓			
8	8.0	15100	9.45/11.75	东西/中部	带夹层	✓		✓				✓	✓		医疗
	8.1	15123	9.45	东西/中部	一层	✓		✓							
9	9.0	14050	8.16	东西/中部	一层	✓	1	✓	✓	✓		✓	✓	✓	车库
	9.1	14050	4.50	东西/中部	一层	✓	1	✓	✓	✓	✓	✓	✓		
	9.2	14050	4.50	东西/中部	一层	✓	1	✓	✓	✓		✓			
	9.3	14050	4.50	东西/中部	一层	✓		✓				✓			
10	10.0	7605	4.00	南北两侧	一层	✓	2	✓	✓			✓	✓	✓	
	10.1	7605	4.00	南北两侧	一层	✓	1	✓	✓	✓		✓	✓		
	10.2	7605	4.00	南北两侧	一层	✓		✓				✓			
	10.3	7605	4.00	南北两侧	一层			✓	✓	✓	✓	✓	✓		
	10.4	7605	4.00	南北两侧	一层			✓	✓	✓	✓	✓			
11	11.0	11980	12	南北两侧	带夹层	✓	1	✓	✓	✓	✓	✓	✓	✓	医疗
	11.1	11980	12	南北两侧	一层	✓	1	✓	✓	✓	✓	✓			

注：表格中公共服务空间的相关统计数据仅针对调研期间处于开放使用的服务内容。

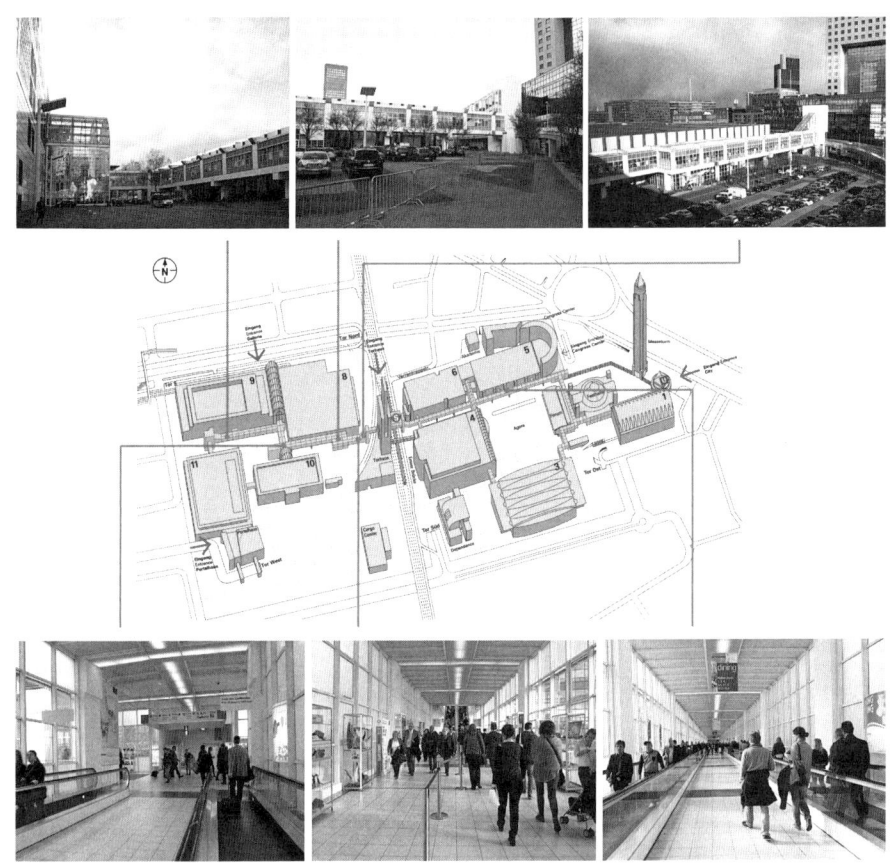

图4-45　法兰克福会展中心通道空间

4.2.4　公共服务空间特征分析

由于经历了不同阶段的改扩建，法兰克福会展中心整体场馆的序列性与统一性较弱，更多呈现出较为分散与差异化的形态与布局，各功能空间和展厅之间主要依靠公共通道进行串联，流线较长。

总体而言，法兰克福会展中心公共服务空间设计具有如下特征（图4-46）：

（1）入口大厅是其公共服务的特色空间，也是当代特大型会展中心公共服务空间的典范，不仅容纳的公共服务功能内容齐全，空间组织有序，还直接与城市交通车站融为一体，使得公共服务空间的利用率和高效性得到了极大的提升。

（2）展厅均为双层或多层展厅，各展厅在不同时期由不同设计师设计，空间形态与尺度等相对独立，各展厅公共服务自成体系，且竖向空间组织层次丰富，设有不同的公共交通厅，结合信息咨询、餐饮、休憩等组织不同楼层的公共服务。

（3）受早期规划的局限性影响，各展厅和入口大厅等核心空间主要由公共通道依次

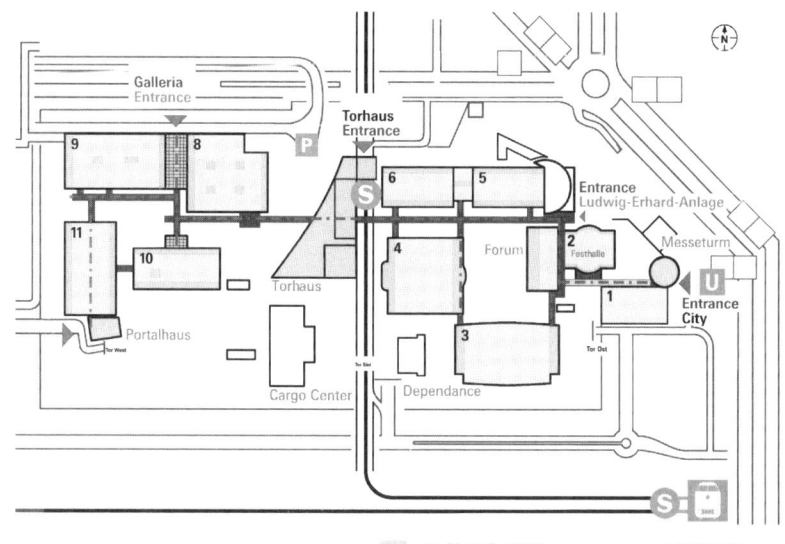

图4-46 法兰克福会展中心公共服务空间系统组织

串联，虽在通道中设置展廊、水平传送带以及休息区，但流线相对较长，一定程度上限制了其公共服务空间的相互协同作用与标准化配备。

4.3 科隆会展中心

4.3.1 总体规划概况

科隆会展中心以1924年举办世博会为契机建设了会展专用场馆，当时设计建成的老科隆会展中心是小进深、围院式的建筑布局。进入20世纪80年代之后，为适应会展业的迅猛发展，科隆会展中心经历了几次改扩建，在展厅数量和规模增加的基础上，将参展观众区域、展商区域、货运区域进行清晰的划分。2006年，科隆会展中心以全新的面貌呈现，新建的四个多功能展厅取代了历史上莱茵河畔的展馆，并在北侧增设了入口大厅（图4-47）。同时，新会展中心的各个区域都增设或重新设计了相应的公共服务部分，配备现代化的公共服务设施和技术设备，确保各个区域的均好性与协同共生。新科隆会展中心布局更为紧凑有序，11个展厅依次相连，形成串联式的总体布局，协调统一。东西南北各1个出入口大厅，在南北入口和东西入口之间形成清晰的中央通道轴线空间。公共服务空间主要集中于各主入口门厅、中央通道以及各展厅中，部分分散在相邻展厅之间的公共区域（图4-48、图4-49）。

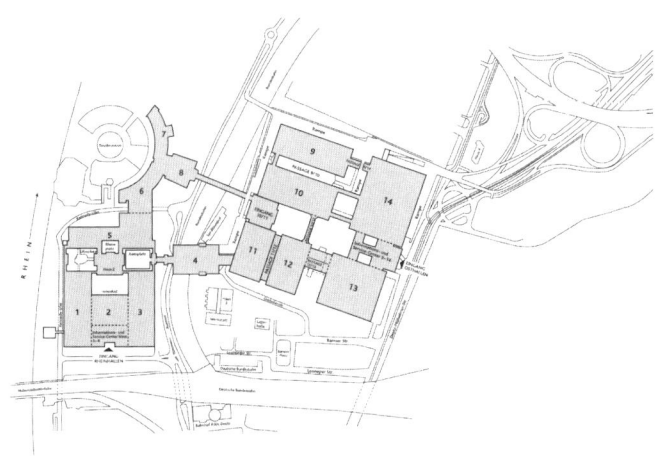

（a）老科隆会展中心总平面图

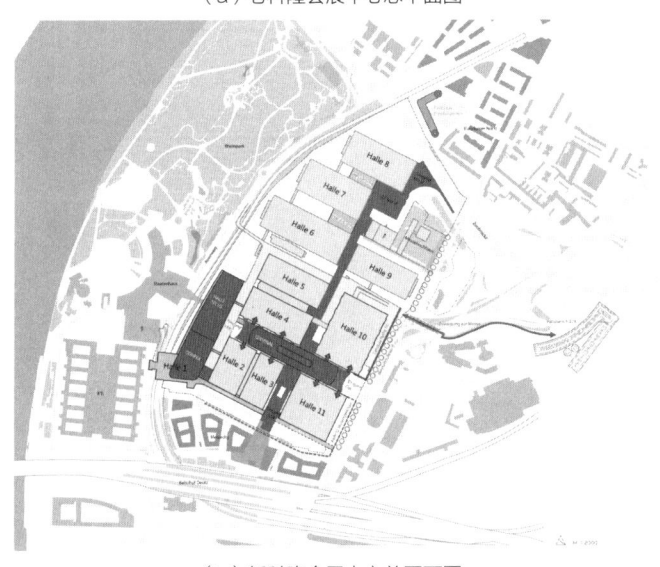

（b）新科隆会展中心总平面图

图4-47　新老科隆会展中心总平面图对比
（来源：科隆会展中心官方网站）

（a）科隆会展中心新建部分

（b）科隆会展中心总体鸟瞰

图4-48　新科隆会展中心鸟瞰
（来源：科隆会展中心官方网站）

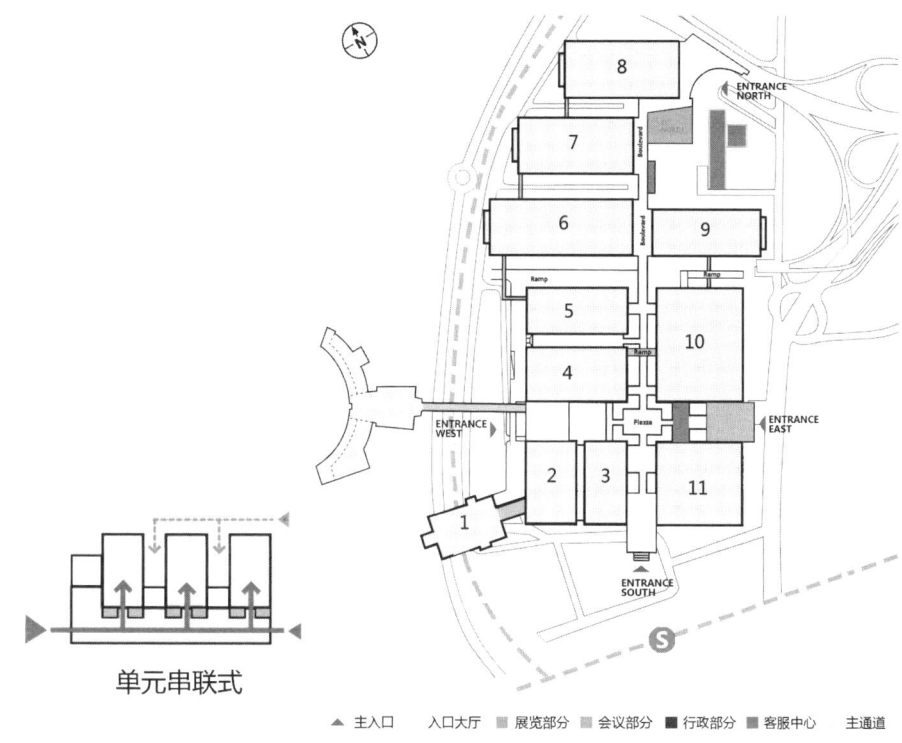

图4-49　科隆会展中心总体规划布局

4.3.2　公共服务功能布局

1. 入展登录

4个主入口大厅均设有票务、登记、寄存等服务，呈集中线性式布局（图4-50）。

图4-50　科隆会展中心北入口入展登录空间

（来源：科隆会展中心官方宣传册）

2. 餐饮服务

共设有11个自助式餐厅和1个服务式餐厅,咖啡厅和小型零售餐区共27个[1]。其中,自助式餐厅主要分布在南北向的中央通道以及东西入口周围,服务式餐厅位于4、5号展厅之间的连接处,其他咖啡厅和小型零售餐区主要分布在各展厅中以及东入口和Pizza之间的通道处,还有零散的一些分布在南北入口大厅内(图4-51)和室外。其中,Pizza是科隆会展中心独具特色的室外平台式餐饮空间(图4-52)。科隆会展中心的餐饮服务除了各展厅内部外,主要位于在南北和东西的主通道处,特别集中在两个通道的交会位置(Pizza)和东会议中心周边。

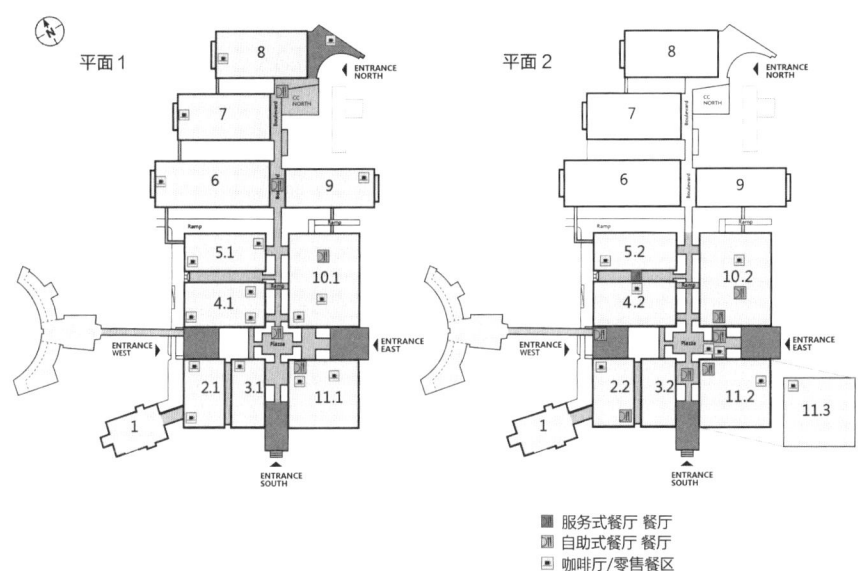

图4-51 科隆会展中心餐饮分布

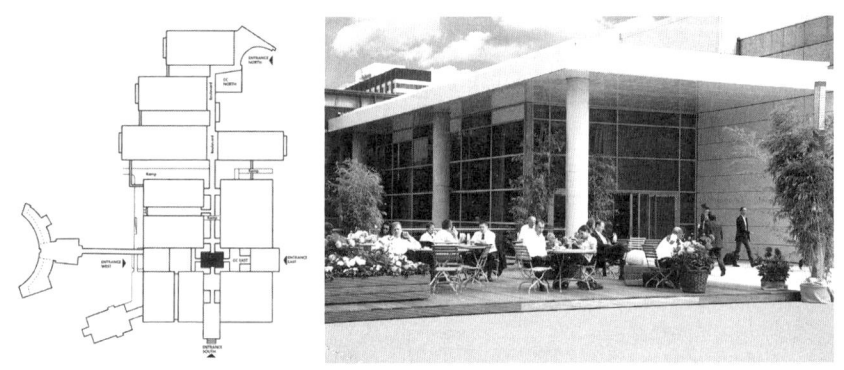

图4-52 科隆会展中心Pizza室外餐饮空间
(来源:科隆会展中心官方宣传册)

---

[1] 数据来源:根据科隆会展中心官方餐饮服务资料及实地调研统计。

3. 商业服务

主要分散在中央通道及展厅周围的独立区域，并对通道开放，形式主要包括一些小型的便利店、商店等（图4-53、图4-54）。

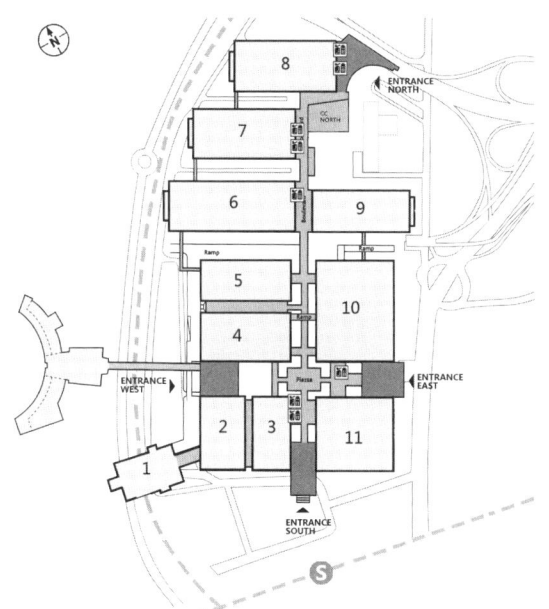

图4-53 科隆会展中心商业服务分布　　　　图4-54 科隆会展中心商业服务空间

4. 综合服务

信息咨询服务基本均位于中央通道内的展厅入口处，在展厅内部不再设置单独的信息咨询处。在中央通道处设有两个综合服务中心（图4-55）。此外，科隆会展中心还拓展了丰富的参展网上服务，包括邀请函及门票申请、在线申请签证、退税、展会快报订阅、在线预订酒店、餐厅、机票、公共交通以及可直接申请链接科隆游客信息系统（Infoscout - The Koelnmesse visitor information system）等服务，这些线上公共服务与会展中心的线下综合服务相互配合，使得科隆会展中心的公共服务更为高效、专业、全面。

5. 休闲服务

休闲服务围绕中央通道间隔分布在通道不同位置，并在中央主通道周边、相邻展厅之间的室外庭院设置休憩场所，形成了室内外结合的休闲区。在展厅、入口大厅等公共空间也设有相应的休息室、贵宾室等。

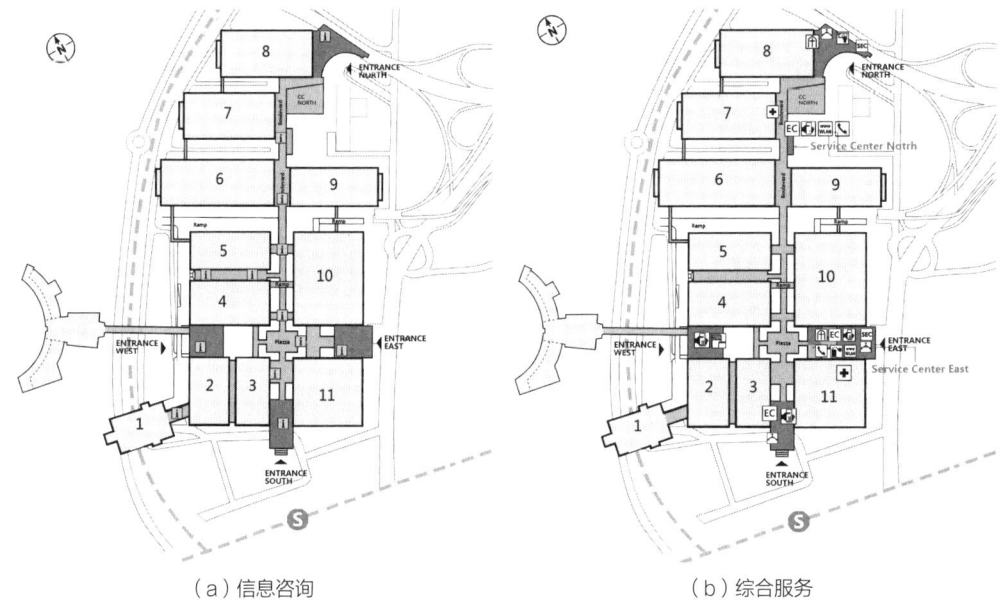

（a）信息咨询　　　　　　　　　　　　　（b）综合服务

图4-55　科隆会展中心信息咨询及综合服务分布

4.3.3　公共服务空间组织

1.　主入口大厅区

科隆会展中心地理位置优越，紧邻科隆市区和科隆大教堂，南北两个入口直接与城市轨道交通站点相接。其中，从科隆火车站乘坐1站城际列车（如S-13、S-Bahn）便可跨越莱茵河直达南入口前的会展中心站（Koln-Deutz）。南入口为长方形通高大厅，首层架起，西侧局部屋顶高度略低，下方为衣帽寄存处、卫生间等。靠近北侧为检票系统，内区与南北中央通道直接相连，可通往3号展厅或11号展厅。门厅东侧为集中式票务柜台（图4-56、图4-57）。

图4-56　科隆会展中心南入口

（来源：科隆会展中心官方网站）

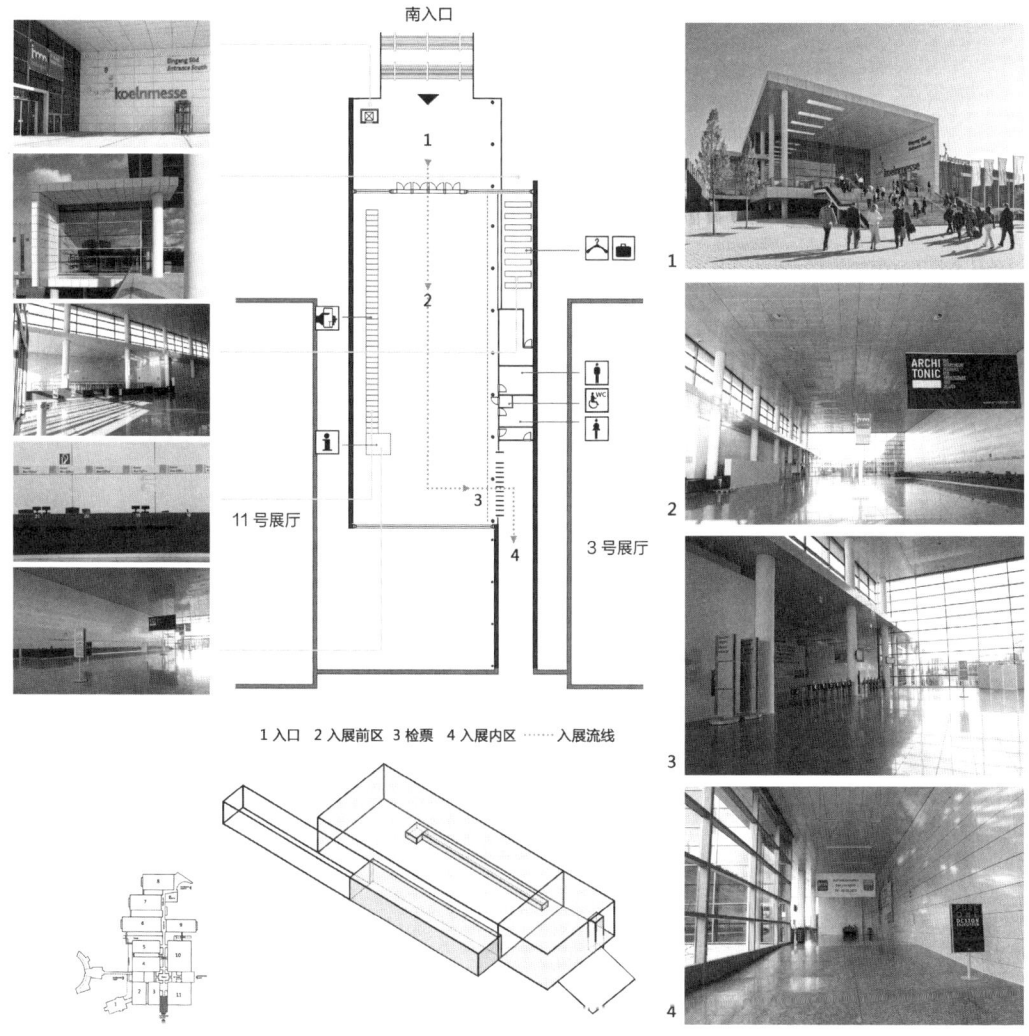

图4-57 科隆会展中心南入口公共服务空间模式解析

　　北入口是近似三角形的通高大厅，入口处为弧形玻璃幕墙，与入口广场共同形成了具有良好景观性和围合感的入口广场。大厅中部设置信息咨询台，北侧直角边集中设置票务登记柜台，并在靠近入口处布置寄存和餐饮空间，南侧直角边也集中设置票务柜台，呈弧线排布。大厅两端设有检票系统，通过北检票系统可直接进入8号展厅，通过南检票系统进入内区后也可直接进入8号展厅。展厅入口两侧设有小型商店，也可沿南侧公共通道进入北会议中心（CC-North）以及南北向中央通道（Boulevard）（图4-58、图4-59）。

　　东、西入口的人流相对较少，室内空间较为简单，票务及综合服务空间主要位于大厅两侧。东入口大厅的内区与东会议中心相连（CC-East），大厅内提供游客指南和集中的贵宾休息室。

Eingang Nord
Entrance North

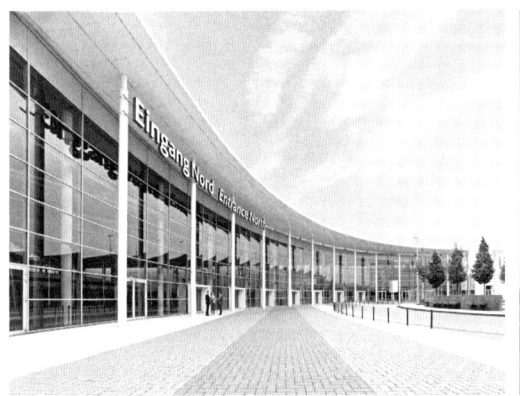

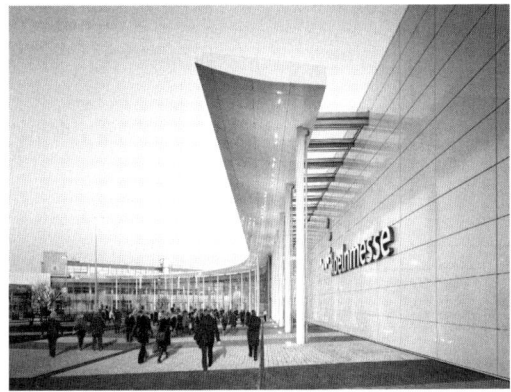

图4-58　科隆会展中心北入口
（来源：科隆会展中心官方网站）

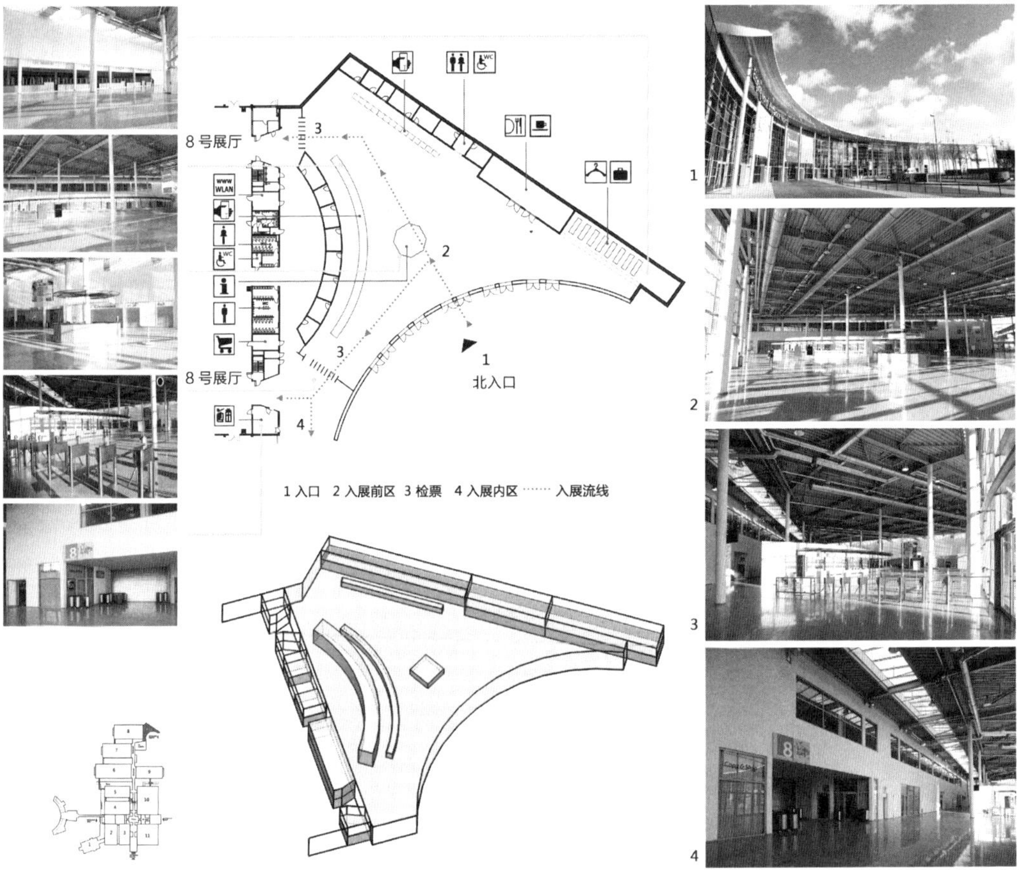
8 号展厅
3
WWW
WLAN
WC
2
3
8 号展厅
4
1
北入口
1 入口　2 入展前区　3 检票　4 入展内区 ······ 入展流线
1
2
3
4

图4-59　科隆会展中心北入口公共服务空间模式解析

2. 展厅区

展厅区公共服务系统的最大特点是基本位于展厅两侧，以靠近主通道一侧为主，一部分公共服务空间直接对主通道开放，另一部分服务展厅内部，在展厅入口与主通道接合处形成过渡空间，布置信息服务台、咨询处，在展厅的另一边设置辅助的小型餐饮及卫生间等（表4-4）。其中，2、3、4、5、10、11号展厅为早期建设的双层展厅，竖向交通空间与展厅主通道之间形成展厅前区，2与3号展厅、4与5号展厅、10与11号展厅之间分别有公共通道，公共服务围绕展厅前区和公共通道布置（图4-60）。6～9号展厅为后期新建的标准化单层展厅，公共服务空间均是靠近主通道一侧集中布置各种公共服务用房，与主通道结合使用，另一侧公共服务空间较小，以小型餐吧和卫生间为主，并位于展区外侧，使得展厅的展区空间更为完整（图4-61）。10号展厅在展厅中部设置两处公共服务空间，包括3个餐厅、1处咖啡吧，以及相应的卫生间及休闲区（图4-62）。

科隆会展中心各展厅公共服务空间统计　　　　表4-4

展厅		技术指标		位置	层数	公共服务空间									
	序号	面积（m²）	高（m）			咖啡区	餐区/餐厅	卫生间	信息咨询	饮水区	小型洽谈	休闲及多功能	寄存	商业	其他
1	1	8524	6.2	南北两侧	一层	√		√	√						
2	2.1	9580	6	东西北侧	一层	√		√	√	√		√			
	2.2	9736	6	北侧	一层	√	1	√	√			√			
3	3.1	8249	4.75	南侧	一层	√		√	√	√		√		√	
	3.2	8574	4.75	南侧	一层	√		√	√						
4	4.1	14123	5.85	南北两侧	一层	√		√	√	√	√	√			
	4.2	14390	5.85	南北两侧	一层	√		√	√						
5	5.1	12225	5.85	南侧	一层	√		√	√						
	5.2	11949	5.85	南侧	一层	√		√	√						
6	6	20846	11	东西两侧	带夹层	√		√	√	√		√		√	
7	7	16831	11	东西两侧	带夹层	√		√	√	√				√	医疗
8	8	16830	15	东西两侧	带夹层	√		√	√	√					
9	9	13470	11	东西两侧	带夹层	√		√	√			√			

续表

| 展厅 | 技术指标 | | | 公共服务空间 | | | | | | | | | | | |
序号	面积（m²）	高（m）	位置	层数	咖啡区	餐区/餐厅	卫生间	信息咨询	饮水区	小型洽谈	休闲及多功能	寄存	商业	其他
10														
10.1	22332	5.8	四周/中部	一层	√	1	√	√			√			
10.2	22415	5.85	四周/中部	一层	√	2	√	√	√		√			
11.1	14850	5	南北/中部	一层	√	1	√	√						医疗
11														
11.2	16579	5	南北/中部	一层	√	1	√	√			√			
11.3	14850	5	南北/中部	一层	√		√	√	√		√			

注：表格中公共服务空间的相关统计数据仅针对调研期间处于开放使用的服务内容。

图4-60 科隆会展中心双层展厅前厅区

图4-61 科隆会展中心8号展厅公共服务布局及展厅空间

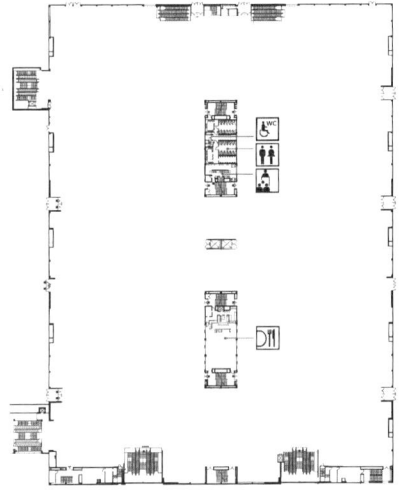

图4-62 科隆会展中心10号展厅公共服务空间布局

3. 主通道区

中央通道（Boulevard）及其与展厅间的连接通道是科隆会展中心公共服务空间的最大特色。在平面布局上，中央通道将各个展厅有序连接，并与展厅入口直接相连，在展厅入口前设置信息咨询台，两侧设置卫生间、育婴室、无障碍厕位等，或将展厅处的商店直接对中央通道开放，使得展厅公共服务空间与中央通道有机结合，更为集约复合，其服务范围和使用效率也大为提升。同时，中央通道还承载了会展中心大部分的公共服务内容，包括服务中心、餐厅、休闲、商店、信息咨询等等。在南北和东西通道的交会处，设置了集中的休闲餐饮区——Pizza，为参展者提供室内外结合的复合空间，增添了展会期间休闲活动的吸引力。在4、5号展厅的连接处设置了两处信息台和1个服务式餐厅，可同时为4、5号展厅区域提供相应的服务（图4-63）。

图4-63 科隆会展中心中央通道公共服务空间分析

在竖向布局上，因2、3、4、5、10、11号展厅均为二层展厅，因此南入口和中央通道首层均架空相连，局部设有楼梯、电梯，通往各展厅首层（图4-64）。北部的6~9号展厅为单层，中央通道为单层通高空间，局部内设夹层，如6、9号展厅的中央通道内设局部二层，首层靠近展厅入口处为信息咨询台、卫生间、休息室等，二层为餐饮空间（图4-65、图4-66）。中央通道北段与会议中心相连，使得会议中心的餐饮与休闲等公共服务可与中央通道共享（图4-67）。与当代一批新型特大型会展中心主轴线的中央庭院不同，科隆会展中心的中央通道在与各展厅结合的同时，形成了一些小型景观或庭院空间，以此增添公共服务空间的舒适性与景观性。

图4-64　科隆会展中心南部双层展厅中央通道空间

图4-65　科隆会展中心北部单层展厅中央通道空间
（来源：科隆会展中心官方网站）

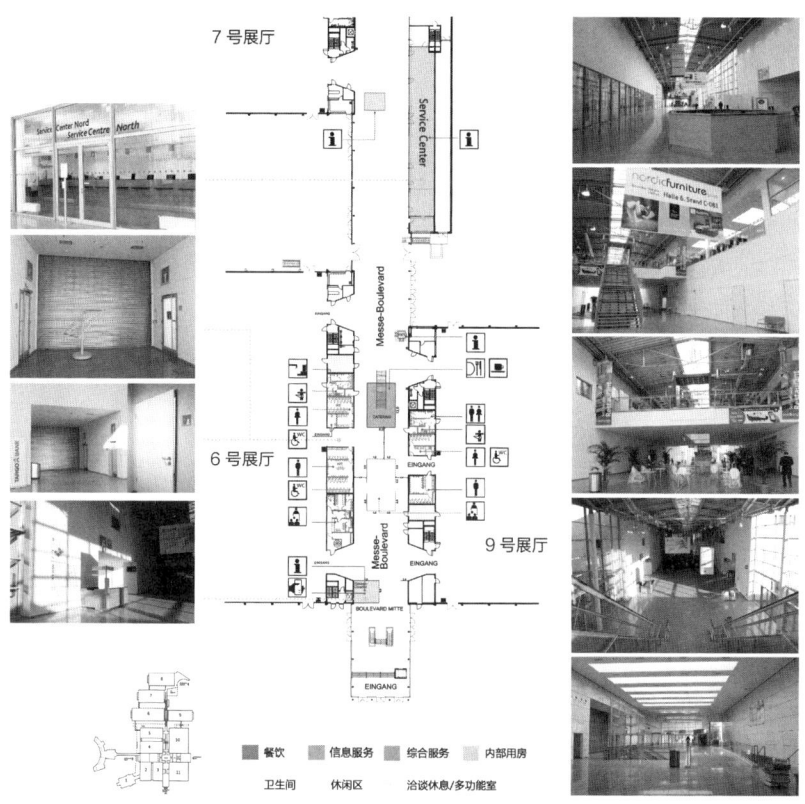

图4-66　科隆会展中心6、7、9号展厅中央通道公共服务空间分析

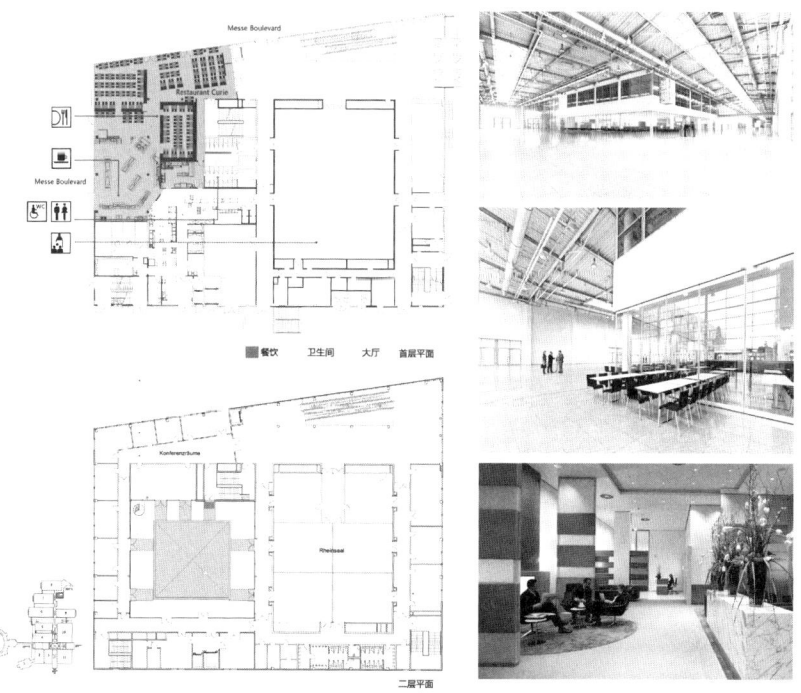

图4-67　科隆会展中心北会议中心公共服务空间分析

4.3.4　公共服务空间特征分析

科隆会展中心在多年的逐步改造中，重点将公共服务空间加以拓展和提升，以独具特色的中央通道统领控制建筑的整体形态和流线组织，并将多种现代化的公共服务空间布置在中央通道，形成了功能高度复合、空间层次清晰的特大型会展建筑系统（图4-68）。

总体而言，科隆会展中心公共服务空间设计具有如下特征：

1）在多次改扩建后，显著提升公共服务功能及相应设施配置，形成了以中央通道有序连接入口大厅、各展厅、会议中心的空间结构，中央通道成为组织各功能空间的核心，融合了多种公共服务空间，并与展厅的部分公共服务空间有机结合，形成了高度复合化的公共服务特色空间。

2）因中央通道涵盖多种公共服务功能空间，入口大厅则以入展登录为主，其功能更有专属性和针对性，空间形式更为简单明确。

3）展厅一部分是在之前建设的双层展厅基础上完善，一部分是后期新建的单层展厅，内部公共服务空间具有一定的规律性和同一性，基本都集中在展厅的短边、入口处、中央通道及与展厅连接的公共通道处。

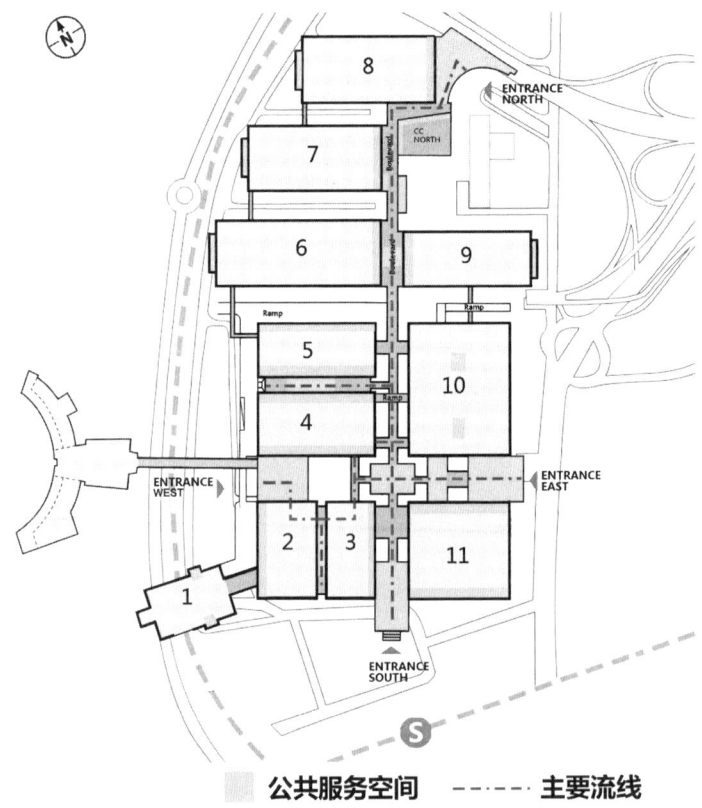

图4-68　科隆会展中心公共服务空间系统组织

4）以中央通道为核心，有机结合展厅、门厅的公共服务部分，形成了功能齐备、布局清晰、层次分明的公共服务空间系统。中央通道在不同的连接处和展厅之间形成景观院落，并以此设置室内外结合的休闲及餐饮空间，提升环境品质。

4.4　杜塞尔多夫会展中心

4.4.1　总体规划概况

杜塞尔多夫会展中心在改扩建后整体形成了总体环绕式布局（图4-69）。3个主入口大厅均匀分布在整个场地的北侧、东南和西南侧，各个展厅环绕中心庭院布置，中心庭院可作为室外展场或休息活动区域，主要公共服务空间集中在主要出入口和中心庭院周围，便于为各个展厅服务，配套公共服务空间分散布置在各个有差异的展厅中，以方便展厅单独使用。杜塞尔多夫会展中心的这种总体布局模式有利于场地集约化用地，空间紧凑且利用率高，人行流线距离相对较短，公共服务空间相对集中且辐射范围广，但各展厅分别使用的灵活性较低，容易产生人流、物流干扰。

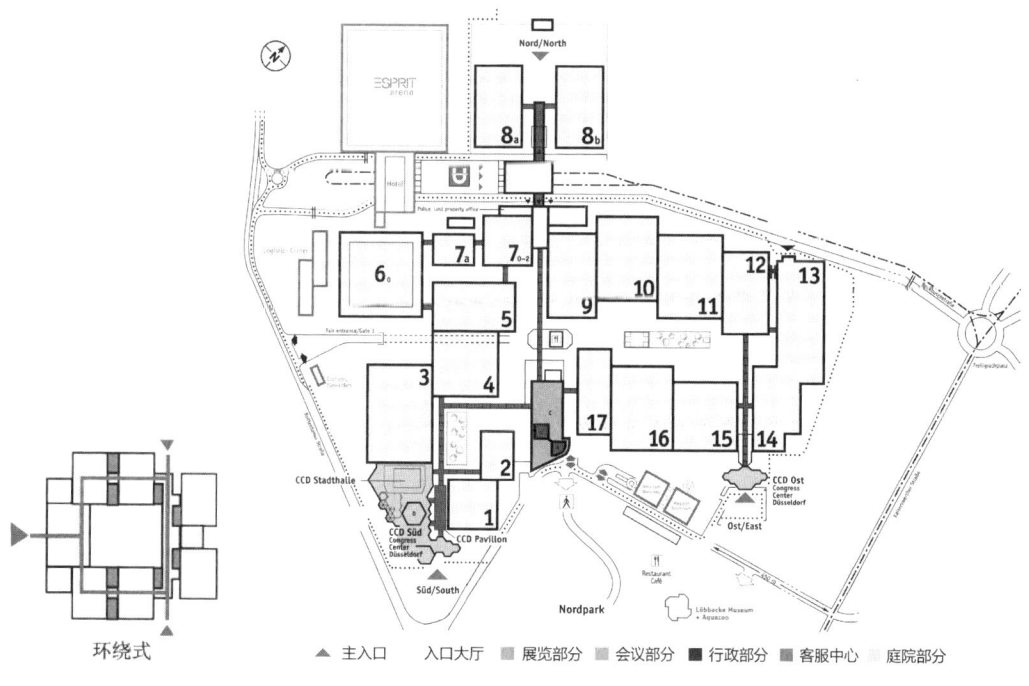

图4-69　杜塞尔多夫会展中心总体规划布局

4.4.2 公共服务功能布局

1. 入展登录

主要入口大厅是北入口以及东西两个与会议中心相结合的入口。以北入口为例，入展登录包括了票务、检票、寄存等，并与餐饮、综合服务等空间相结合。

2. 餐饮服务

中心庭院和南广场均设有独立的餐厅，同时在各个展厅设有配套的餐厅、咖啡厅及小型零售店、自助咖啡、酒水饮料等零售区，并提供自助和外卖服务。值得一提的是，杜塞尔多夫会展中心专门设有残疾人友好型餐厅（图4-70）。

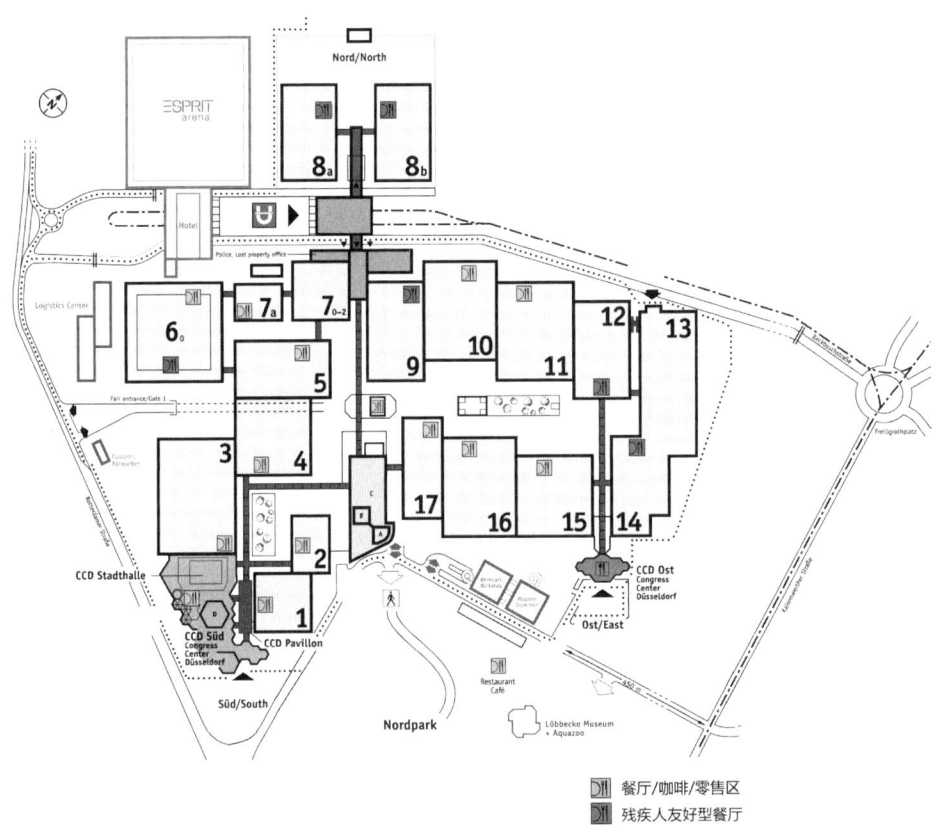

图4-70 杜塞尔多夫会展中心餐饮服务分布

3. 商业服务

设有多个纪念品商店，销售各式各样的城市纪念品、儿童礼物、明信片等，同时提供照片冲洗服务，还有超市，出售面包、小吃、冷热饮以及日用品、邮票等。

4. 综合服务

在北入口大厅和展场南部的客服中心都有完备的"一站式"综合服务，除具有一般会展中心所必备的基础服务功能空间、每个展厅内均布置信息咨询台外，还重点包括一些专业化和人性化的服务空间，如：设有海关办事处，在工作日可为各国的参展商和观展者处理各种事务；干洗服务（Dry-cleaning service）——可提供专业的衣物清洗及整理服务；在会展中心内多处设有ATM，同时在北入口门厅和客服中心一层设有银行；礼拜服务（Church service）——在北入口区有基督教会中心，在一些展会期间，新教和罗马天主教礼拜活动在这里举行；在展厅7医疗救护站旁边，展厅1、9、12的女卫生间，展厅4、5、6、7a、8a、8b、10、13、14，以及东主入口内均有育婴室（Baby room），提供折叠床和盥洗室；电信通信站（Telecommunications）——合作商德国电信系统提供包括电话、手机、传真、Wi-Fi或固定网络线在内的多种通信服务，在北入口、东入口、电信中心、6号展厅均提供公共电话设施，所需电话卡可在超市和信息服务中心购买；旅游信息中心——提供具有吸引力的杜塞尔多夫旅游项目的预定及票务服务，包括旅游线路及酒店、餐厅预定、票务预定及更改等；还包括出纳中心、汽车租赁处、车旅服务处、手机充电站、医疗中心及轮椅出租处、旅游信息中心，等等（图4-71、图4-72）。

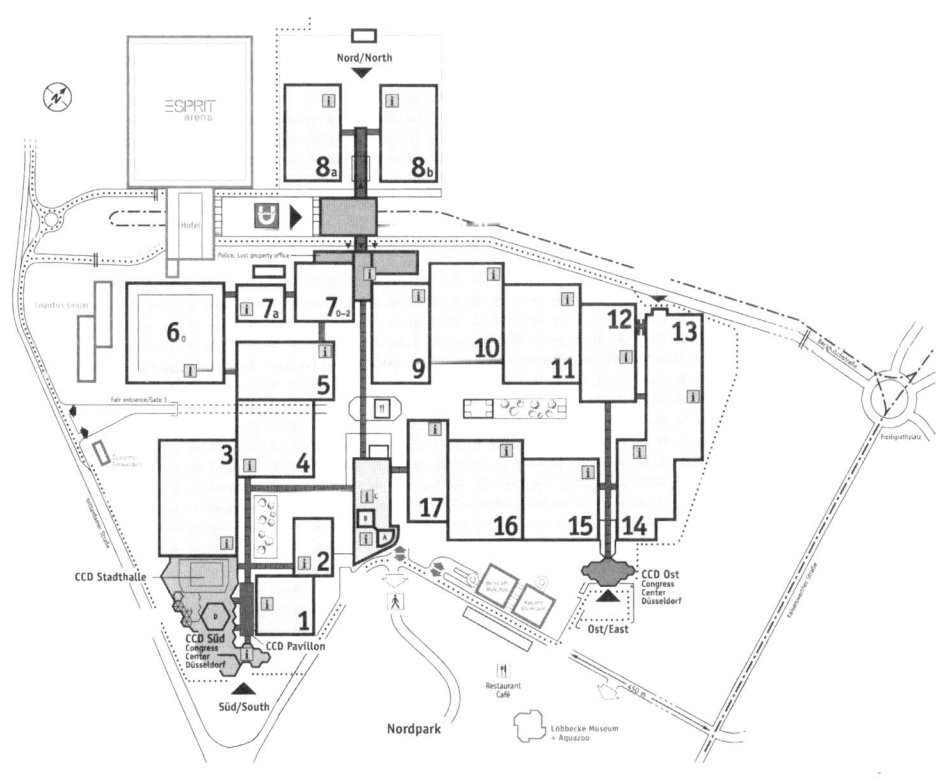

图4-71 杜塞尔多夫会展中心信息服务分布

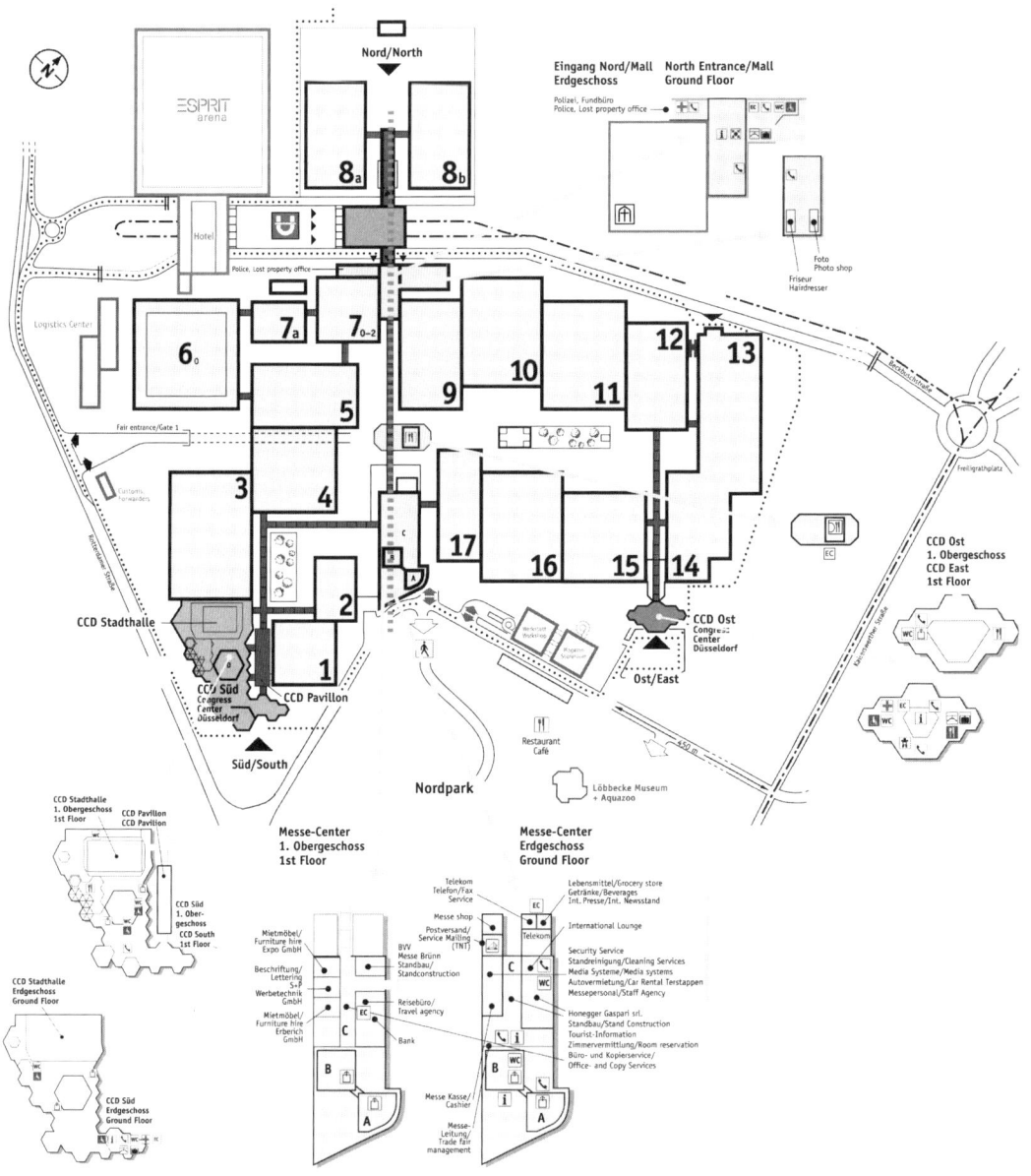

图4-72 杜塞尔多夫会展中心综合服务分布

5. 休闲服务

各主要入口大厅设置了休闲区、休息室，在展厅内设有休息室或临时的休闲区，结合各展厅围合而成的庭院空间设计了室外休憩区，布置座椅、景观小品等（图4-73）。

（a）室外庭院　　　　　　　　　　　　　　　（b）室内通道

图4-73　杜塞尔多夫会展中心休闲空间

4.4.3　公共服务空间组织

1. 主入口大厅区

北入口与城际列车站临近，是公众参展的主要入口。北入口大厅呈长方形，上方为半圆弧形玻璃拱顶，在北入口大厅中央为通高大厅，两侧为夹层空间，提供"一站式"服务，包括票务、检票、寄存、急救站、教堂及祈祷室、银行ATM、失物招领处及警察站、婴儿室、打印及介绍、纪念品、美发及健康相关服务等（图4-74）。

南入口处是位于场地西南端的南国际会议中心（CCD-Süd），国际会议中心由六边形单元模块组合而成，南部有两个入口，西北部有两个入口，均可进入门厅内部，同时，会议中心东部共设有3个出入口可进入展场内。首层门厅南主入口处设有3个集中式的票务登记柜台，中间设置信息服务台。信息服务台后有休憩花园，西侧有贵宾休息室和国际休息厅，形成了整体环境良好的休闲区，休闲区北侧的报告厅（Auditorium）周边布置了服务台、卫生间、楼梯和电梯等。休闲区二层夹层设有小型咖啡吧，并有连廊与展厅内部公共服务空间连接。西北侧的次入口（Entrance CCD Stadthalle）设有集中式的票务柜台、信息咨询处，二层有小型咖啡吧（图4-75）。

东入口即东国际会议中心（CCD-Ost）的首层，设有2个集中式的票务登记柜台和多个信息咨询台，门厅东侧的多边形空间设有服务台、咖啡吧、小型餐饮区，西侧的多边形空间集中布置服务台、卫生间、管理用房等。二层夹层空间设有商务酒廊、咖啡吧、休息室以及多功能会议室（图4-76）。

2. 展厅区

杜塞尔多夫会展中心除8号展厅外均为单层展厅。8号展厅通过公共连廊与北入口相

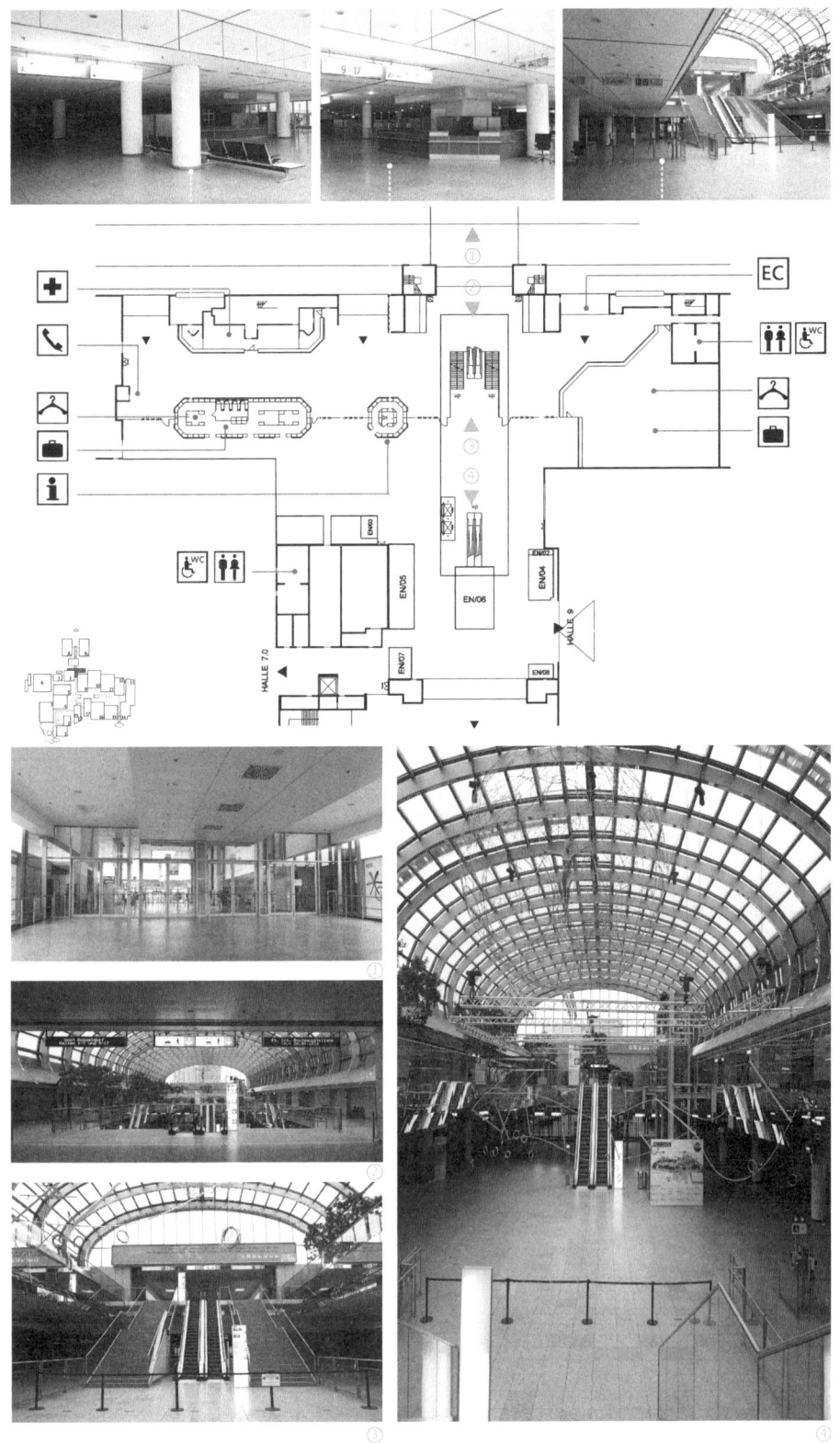

图4-74 杜塞尔多夫会展中心北入口大厅公共服务空间分析

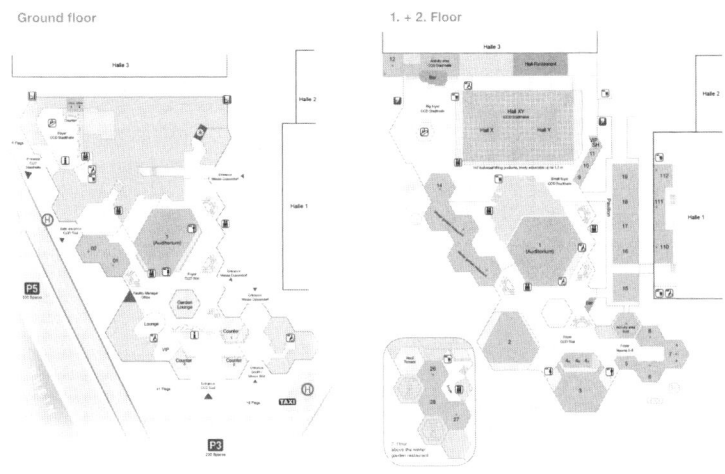

图4-75　杜塞尔多夫会展中心南入口大厅及会议中心公共服务空间分析

（来源：根据场馆资料整理绘制）

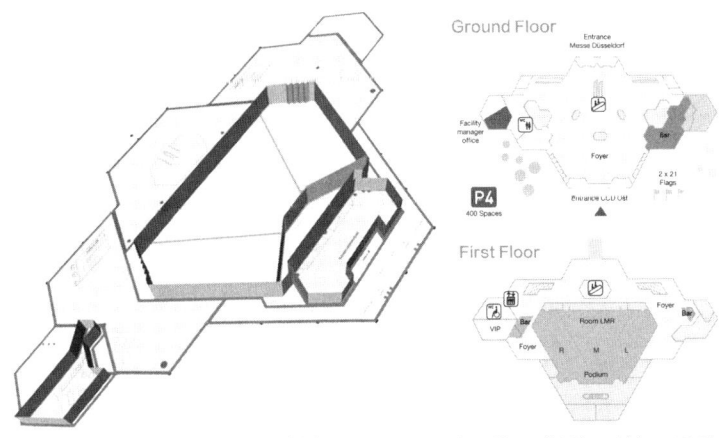

图4-76　杜塞尔多夫会展中心东入口大厅及会议中心公共服务空间分析

（来源：根据场馆资料整理绘制）

连，并被分为8a和8b两部分展厅，8a与8b展厅的公共服务空间以公共连廊为中心对称布局，设有餐厅、卫生间、休息室、多功能室等（图4-77）。杜塞尔多夫会展中心的其余展厅也基本在展厅周边夹层空间设置了信息咨询处、小型餐饮、卫生间、休息室等公共服务空间（表4-5）。其中，以9号展厅为例，特点是将餐饮、咖啡吧等空间布置在展厅公共服务部分的夹层上，界面以大面积玻璃为主，可让观展者在用餐和休憩期间获得良好的视线，俯瞰整个展厅（图4-78）。6号展厅是最高的展厅之一，由GMP建筑事务所设计并于2000年完成。展厅呈正方形，内部由四根承重立柱支撑了屋顶的四个巨型交叉承重箱型梁，中部屋顶高于支撑结构，形成了有界定感的展区空间。展厅室内环绕着一条6m高的长廊，为举办小型活动或放置额外展台提供了空间。长廊下的两个楼层设有办公室、会议室、餐厅、储藏等空间（图4-79）。

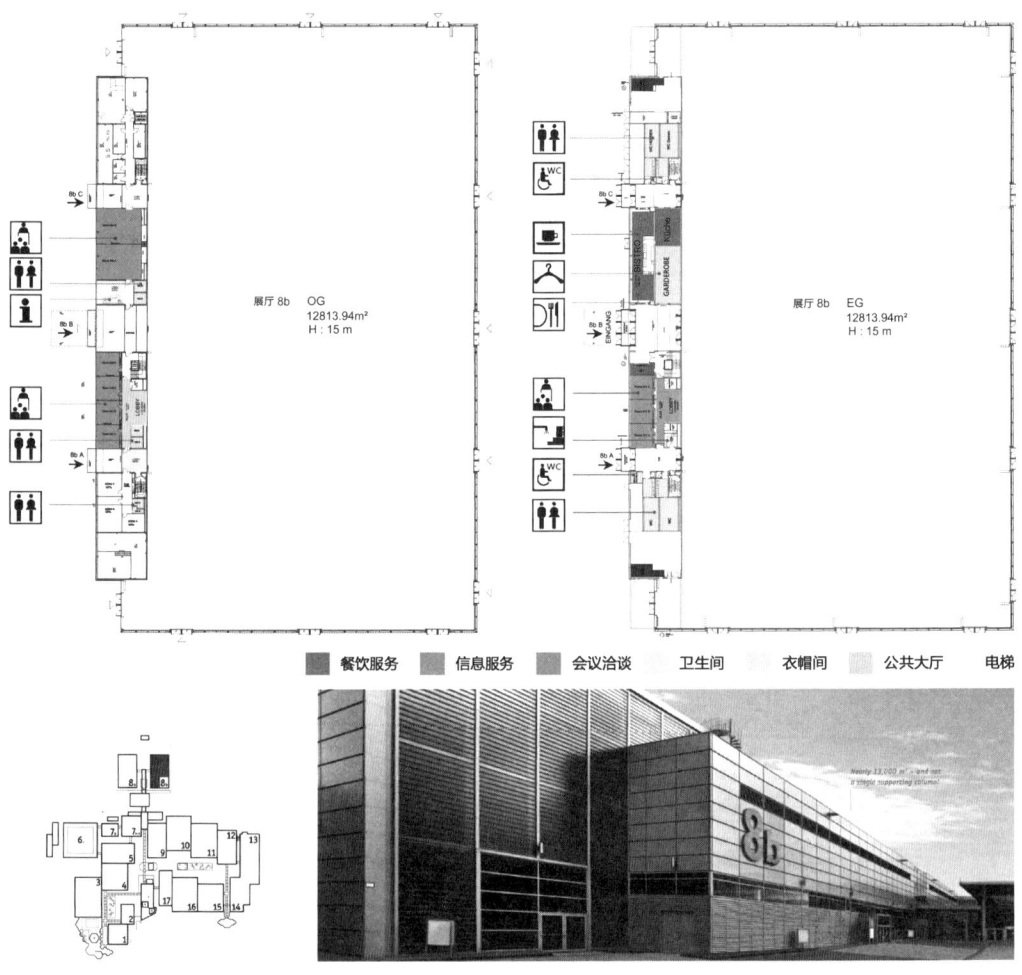

图4-77 杜塞尔多夫会展中心8b展厅公共服务空间平面分析

杜塞尔多夫会展中心各展厅公共服务空间统计　　表4-5

展厅	技术指标			公共服务空间								
序号	长 L(m)	宽 W(m)	高 H(m)	位置	层数	咖啡区	餐厅/餐区	卫生间	信息咨询	公用电话	小型洽谈	休息及多功能
1	88.98	77.13	8	西侧等边	带夹层	✓		✓	✓	✓	✓	✓
2	88.98	47.11	8	西侧长边	带夹层	✓	大型餐厅	✓	✓	✓	✓	
3	176.12	118.98	8	南侧短边	带夹层	✓	2餐厅	✓	✓	✓		✓
4	107.07	118.98	8	南侧等边	带夹层	✓	1餐厅	✓	✓	✓	✓	✓
5	148.97	77.08	8	北侧长边	带夹层	✓	分散餐区	✓	✓	✓		
6_0	160/145	160/145	16/26	正方形四边	带夹层	✓	分散餐区	✓	✓	✓	✓	✓
7_{0-2}	91.20	89.40	3.2	东西两侧	带夹层	✓		✓	✓	✓		✓
7a	52.30	74.80	12	北侧长边	带夹层	✓	集中餐区	✓	✓	✓	✓	
8a	150.56	98.50	15	东侧长边	带夹层	✓	集中餐区	✓	✓	✓	✓	✓
8b	150.56	98.50	15	西侧长边	带夹层	✓	集中餐区	✓	✓	✓	✓	✓
9	137.15	88.97	8	北侧短边	带夹层	✓	1餐厅	✓	✓	✓	✓	✓
10	137.14	118.98	8	北侧短边	带夹层	✓	集中餐区	✓	✓	✓	✓	✓
11	137.14	118.99	8	北侧短边	带夹层	✓	集中餐区	✓	✓	✓		✓
12	137.17	88.99	8	南侧短边	带夹层	✓	集中餐区	✓	✓	✓		✓
13	216.36	88.99	8	南北两短边	带夹层	✓	集中餐区	✓	✓	✓		✓
14	131.04	88.98	8	北侧短边	带夹层	✓	集中餐区	✓	✓	✓	✓	

续表

展厅	技术指标					公共服务空间						
序号	长 L(m)	宽 W(m)	高 H(m)	位置	层数	咖啡区	餐厅/餐区	卫生间	信息咨询	公用电话	小型洽谈	休息及多功能
15	118.99	107.16	14	北侧短边	带夹层	√	集中餐区	√	√	√	√	√
16	137.14	118.96	14	北侧短边	带夹层	√	集中餐区	√	√	√	√	√
17	137.15	58.98	14	北侧短边	带夹层	√	集中餐区	√	√	√	√	√

注：表格中公共服务空间的相关统计数据仅针对调研期间处于开放使用的服务内容。

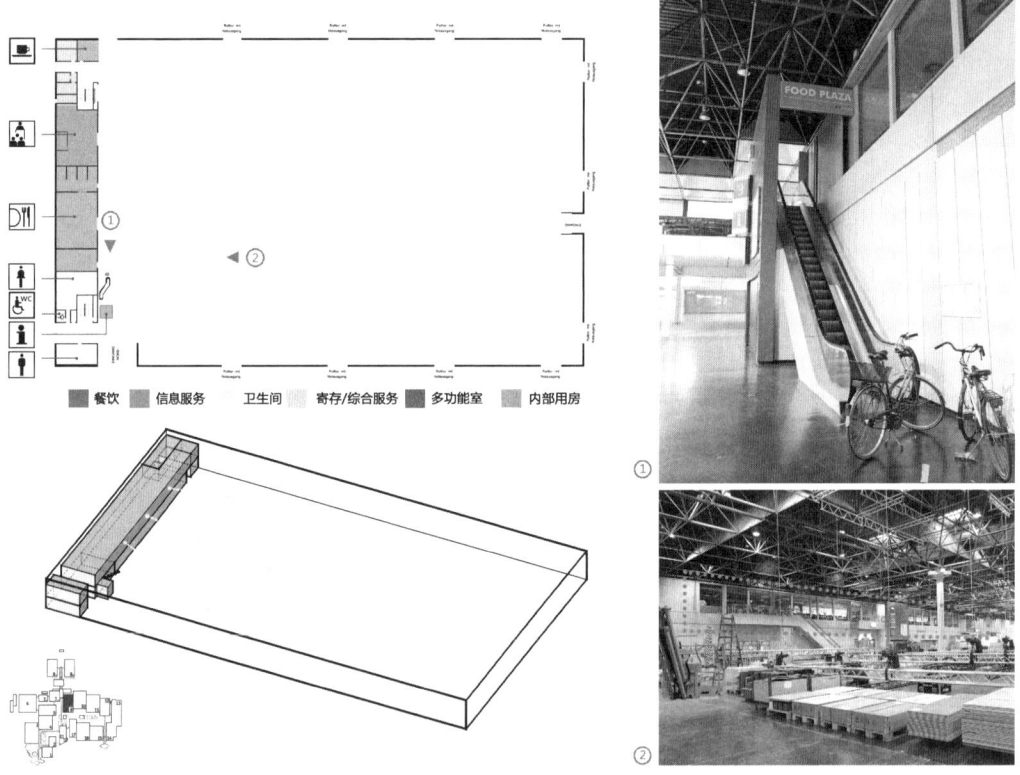

图4-78 杜塞尔多夫会展中心9号展厅公共服务空间分析

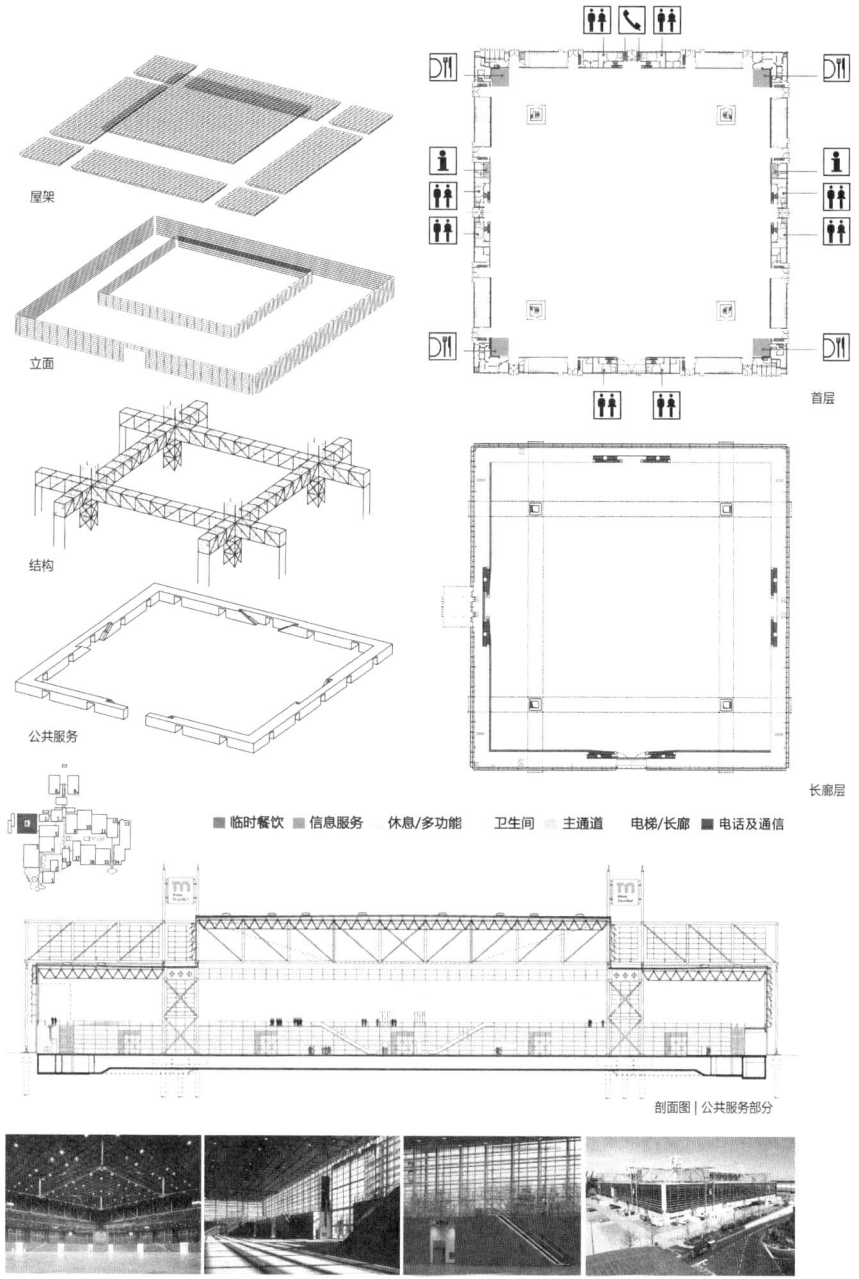

图4-79 杜塞尔多夫会展中心6号展厅公共服务空间分析
（来源：根据《Messe Düsseldorf, Halle 6》资料整理绘制）

3. 主通道及庭院区

杜塞尔多夫会展中心的环绕式布局形成了以9～17号展厅围合而成的中央庭院和以1～4号展厅围合的小型庭院，围绕小型庭院有二层架空水平玻璃连廊，连接服务中心、4个展厅以及南会议中心。庭院内树木、草坪、灌木搭配布置，并设置休憩座椅和景观小品。北入口和南部服务中心的水平玻璃连廊形成一条轴线，延伸至8a、8b展厅。水平连廊内均设有水平传送带和通往首层的垂直交通。结合中央庭院的景观，设有休闲区和独立餐厅。南部的服务中心为参展者提供集中式的多元服务，其上部是行政办公大楼，服务中心与行政办公的结合，也在一定程度上提高了公共服务效能（图4-80）。

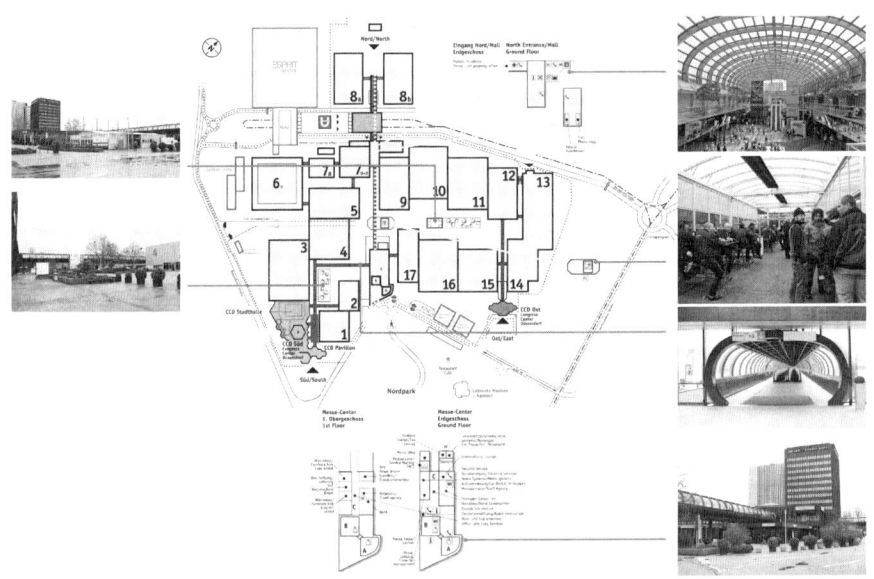

图4-80　杜塞尔多夫会展中心公共服务空间总体分析

4.4.4　公共服务空间特征分析

杜塞尔多夫会展中心是典型的环绕式布局，总体较为规整，各展厅顺次相连，公共服务空间以北入口、客服中心、南会议中心、东会议中心为核心，同时各展厅内部根据自身特点布置较为完善的配套公共服务空间，室外庭院、休闲区、玻璃连廊等空间将整个展区有机组织起来，形成了层级和结构清晰的公共服务空间系统（图4-81）。

总体而言，杜塞尔多夫会展中心公共服务空间设计具有如下特征：

（1）北入口和南部客服中心的集中式公共服务模式十分突出，其中，北入口与城市公共交通车站结合，南部服务中心与行政办公结合，北入口和服务中心之间通过夹层水平连廊连接，两部分均包含了多方面的专业化和个性化服务内容，同时为宗教信仰人群、儿童、残障人士等不同的社会群体提供了有针对性的公共服务空间。北入口和南部服务中心不仅各自的公共服务体系完善，使得公共服务空间清晰高效，而且相互之间的布局与联系也提升了公共服务效能。

（2）南入口和东入口均是和会议中心结合的方式，是其公共服务空间的另一独特模式。入口和会议中心结合，使票务管理、信息咨询、餐饮、休闲区等公共服务空间更为集

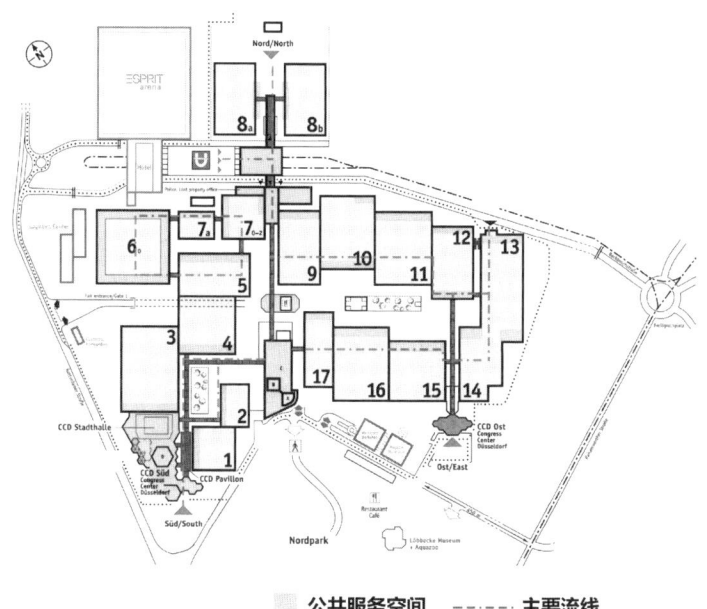

图4-81 杜塞尔多夫会展中心公共服务系统组织

约复合，可同时为会议、展览等不同核心功能提供服务，有效避免了公共服务空间的重复设置或功能不完善等问题，使公共服务空间的效益最大化、品质最优化。

（3）北入口设有酒店和商业，由此延展了会展中心自身的公共服务系统，使得外部服务空间与内部公共服务相互配合，也扩展了会展中心本身的公共服务内容，从而提供更全面周到的综合服务。

（4）展厅形状和布局不一，有长方形、正方形，单层、双层均有，各展厅内部的公共服务空间的功能具有一定的规律性，但空间布局的差异性较大，各展厅依据自身的规模、形式、方位布置公共服务空间。

（5）中央庭院是室外公共服务空间的核心，结合景观设计了休闲区、餐饮区，成为室外空间的吸引点。此外，室外庭院、休闲区、坡墙连廊等使整个展场空间有机组合起来，增强了空间层次性和清晰性，也使各部分的公共服务空间更为有机统一。

4.5 慕尼黑会展中心

4.5.1 总体规划概况

随着会展业在慕尼黑的蓬勃发展，自1985年起对一座新的会展中心的需求日益迫切，1991年慕尼黑会展中心在新城区（Messestadt Riem）重新选址设计建造，于1998年完工并正式开放使用。作为德国20世纪后期新建设的特大型会展中心，慕尼黑会展中心是当代特大型会展建筑的代表作。慕尼黑会展中心的总体功能分区包括标准展厅、会议中心、3个主入口、1个次入口和B0多功能展厅，以及周边配套的行政大楼、服务口、海关楼、停车楼等。场馆总体布局呈鱼骨状，是典型的单元并联式，东、西两个主入口大厅和中央步行廊道形成明确的主轴线，北入口位于与主轴线垂直交叉的次轴线上，12个标准A、B展厅相对独立且呈水平并行式布置在东西主轴两侧，4个标准C展厅位于B展厅北侧的对应位置。慕尼黑会展中心的这种总体布局方式已成为当代特大型会展建筑最为普遍的经典布局模式，即：会展中心的主要出入口大厅设置于轴线的端部，同时，通常还会在与该轴线垂直的另一条次轴线上设置额外的入口大厅；展厅为统一的标准模块化空间，可设置于轴线的一侧，也可同时设置于轴线的两侧，便于分期建设和后期扩建；公共服务空间基本集中在入口大厅、中央轴线以及各展厅中，具有一定的标准化和单元化（图4-82）。德国后来几乎所有新建的特大型会展中心都采用了这样的设计规划，如德国腓特烈港（博登湖）新会展中心（Neue Messe Friedrichshafen，2002年）和斯图加特新会展中心（Neue Messe Stuttgart，2007年）[1]。不仅在德国境内如此，世界范围的多个特大型会展建筑也是借鉴了这种经典模式，如米兰新国际展览中心、上海新国际博览中心、中国国际展览中心（顺义馆）等。

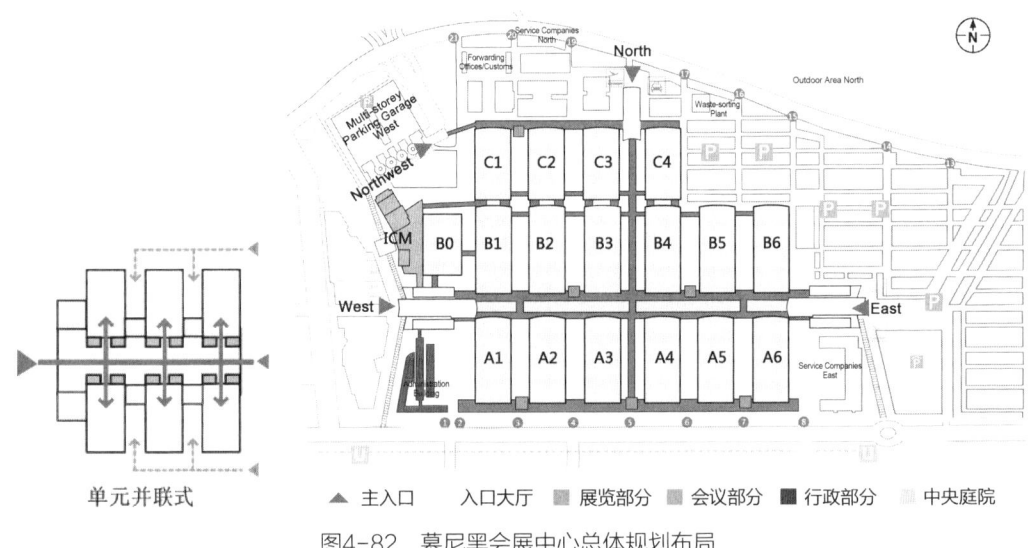

单元并联式

▲ 主入口　　入口大厅　■ 展览部分　■ 会议部分　■ 行政部分　中央庭院

图4-82　慕尼黑会展中心总体规划布局

---

❶ 参考（德）克莱门斯·库施编，卞秉义译，《会展建筑:设计与建造手册》第32页，武汉: 华中科技大学出版社，2014年。

4.5.2 公共服务功能布局

1. 入展登录

慕尼黑会展中心入展登录的相关功能分布在三个主入口大厅，售票、办证、信息登记等功能以集中窗口和柜台形式位于大厅两侧，检票位于大厅中部，呈线性排开。

2. 餐饮服务

慕尼黑会展中心以标准单元式展厅形成的总平面较为规整，其餐饮布局也呈现规律性，在C1与C2、B2与B3、B4与B5、A1与A2、A3与A4、A5与A6之间共设置了6个餐饮楼，其中，C1与C2之间的餐饮楼靠近北侧通道，B2与B3、B4与B5之间的两个餐饮楼位于主轴线并享有中央庭院的良好景观，A1与A2、A3与A4、A5与A6之间的三个餐饮楼靠近南侧通道及景观，除C1与C2之间的餐饮楼为服务式餐饮外，其余均为自助式。此外，在东、西两个主入口大厅内设有餐厅，在各个展厅内和连接各展厅的主通道内均设有咖啡吧等零售点，分布数量多且间距均匀，有利于观展者就近选择适合的餐饮方式，根据展会布展的规模和使用情况，有时也在展厅中设置临时的用餐区（图4-83、图4-84）。不仅如此，慕尼黑会展中心还结合中央的景观庭院，将庭院靠近主入口大厅的东、西两侧布置成了啤酒花园（Beer Garden），成为慕尼黑会展中心在餐饮服务方面的独到亮点（图4-85）。

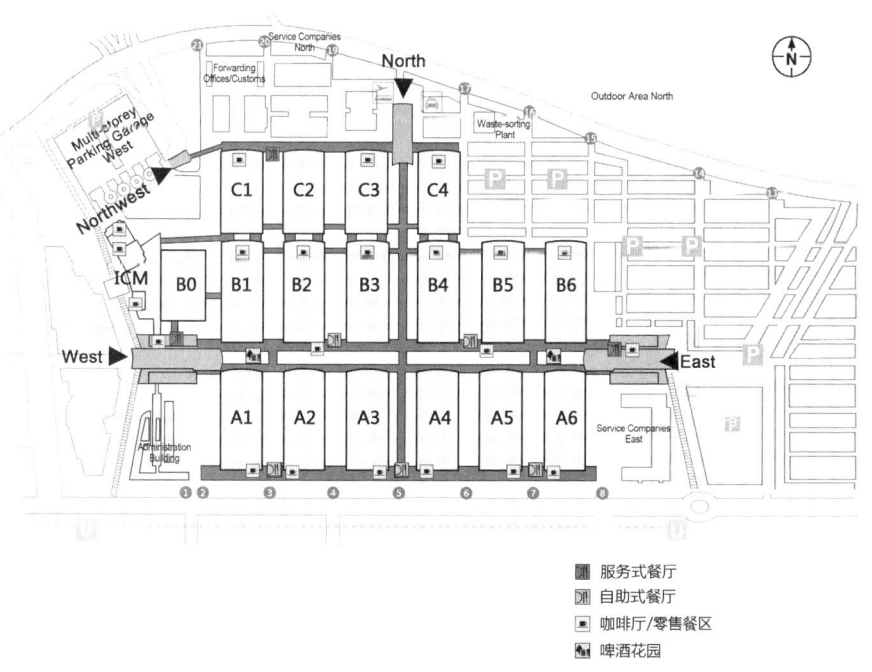

图4-83 慕尼黑会展中心餐饮服务分布

图4-84　慕尼黑会展中心展厅中的临时餐饮空间

图4-85　慕尼黑会展中心啤酒花园（Beer Garden）
（来源：慕尼黑会展中心官方网站）

3．商业服务

　　慕尼黑会展中心的商业空间主要位于门厅处，商业空间及其面积并不突出，只是满足特大型会展建筑的基本商业需求，包括烟草零售店、书报店等。展厅内设有临时或零散的零售店。

4．综合服务

　　慕尼黑会展中心在每个展厅和入口大厅内均设有信息服务台，直接为参展者提供现场服务（图4-86）。其他综合服务主要集中在三个主入口大厅的两侧，分为地上和地下多层，各门厅的公共服务内容基本一致，包括信息咨询、网络、银行/ATM、邮局、医疗站、育婴室，还有部分零散的综合服务增设于中央通道处，如公用电话及通信、售货机等。每个标准的模块化展厅内均设有信息咨询台、卫生间及无障碍厕位。在西入口南侧的行政办公楼（Administration Building）还有失物招领处和安保处。在C1展厅北侧有海关大楼，参展者可以办理出入境以及行李托运等手续（图4-87）。

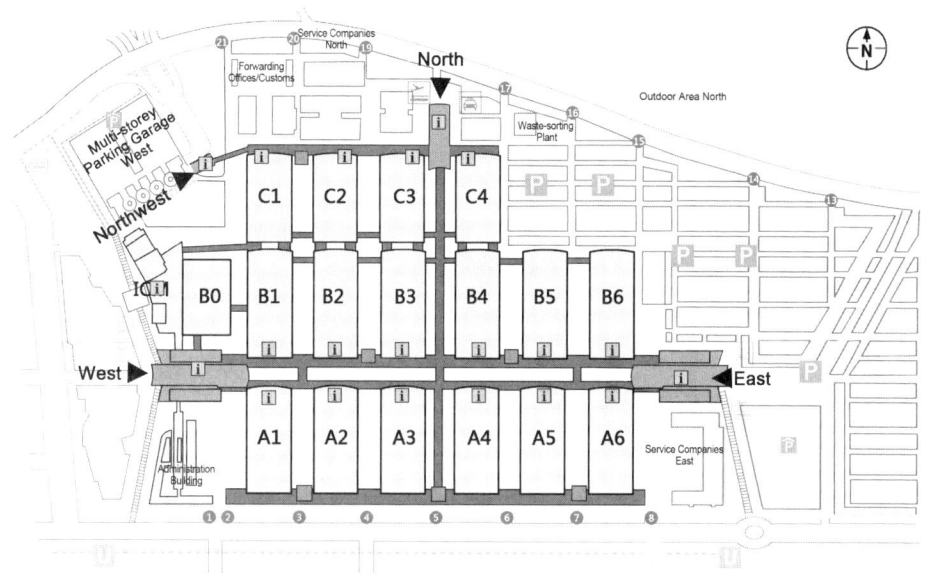

图4-86 慕尼黑会展中心信息服务台分布

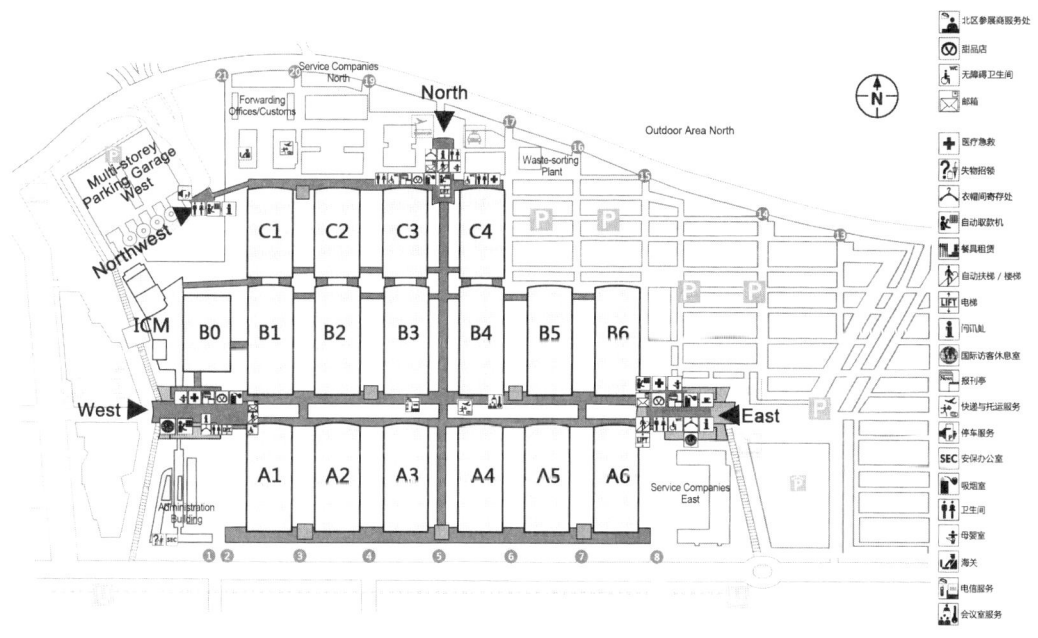

图4-87 慕尼黑会展中心综合服务分布

5. 休闲服务

慕尼黑会展中心突出的休闲服务来自位于中央庭院和中央庭院两侧展厅首层的半室外通廊处的休憩设施。室内的休闲空间主要集中在门厅处,在展厅的短边处有分散的休息室,或在展厅中设有临时的休闲区(图4-88)。

主通道首层半室外休闲空间	中央公园休闲空间	入口前广场休闲空间
入口大厅休闲空间	展厅内临时休闲空间	主通道二层室内休闲空间

图4-88　慕尼黑会展中心休闲空间

4.5.3　公共服务空间组织

1. 主入口大厅区

慕尼黑会展中心的三个独立门厅将慕尼黑会展中心分为三个主要区域并为相应的展览区域提供服务，其中，东、西入口均邻近公共轨道交通（U2）、公交站等，因此人流主要从东、西入口进入，西入口临近B1～B3、A1～A3展厅，东入口临近B4～B6、A4～A6展厅；北入口邻近拥有上万泊车位的室外停车场和室外展区（Outdoor Area North），主要通往C1～C4展厅。三个门厅的功能和布局很相近，具有同一性和标准性，东、西入口基本呈对称形式。以西入口为例（图4-89～图4-91），大厅呈长方形，中部为通高大厅，两侧为双层的专属集中式综合配套功能空间。在门厅前区，集中的票务窗口呈线性位于通高部分的一侧，另一侧布置咨询台和通往地下一层的楼梯、电梯，地下一层主要为衣物寄存。在大厅中后部布置检票设施，一字排开，同时，在售票窗口一侧也局部布置检票系统。进入门厅内区后，左右两侧各有宽敞的通道可通往A、B展厅，内区中部的组合大楼梯可通往门厅两侧的夹层空间，也可直接通往室外的中央庭院及啤酒花园。两侧的双层体块基本呈轴对称形式，设置了餐厅及糕点店、卫生间、综合服务、贵宾休息室、新闻中心、会议洽谈、多功能室等，其中餐厅、卫生间、休息室及综合服务等公共性较高的空间靠近门厅入口处，并主要位于首层，二层的多功能室可供个体、小型团体、国际代表团和不同的观众群使用。此外，北侧体块直接与ICM会议中心、B0多功能展厅相连，南侧体块直接与行政大楼相连。整个大厅空间结构清晰明确、分区有序，公共服务空间功能齐备、流线组织简洁高效，给人良好的入展体验。慕尼黑会展中心开敞、明亮的入口大厅空间及先进齐备的配套功能布局，不仅是欢迎各展会主体的重要入场空间，也是举办各种高质量活动的理想之所。

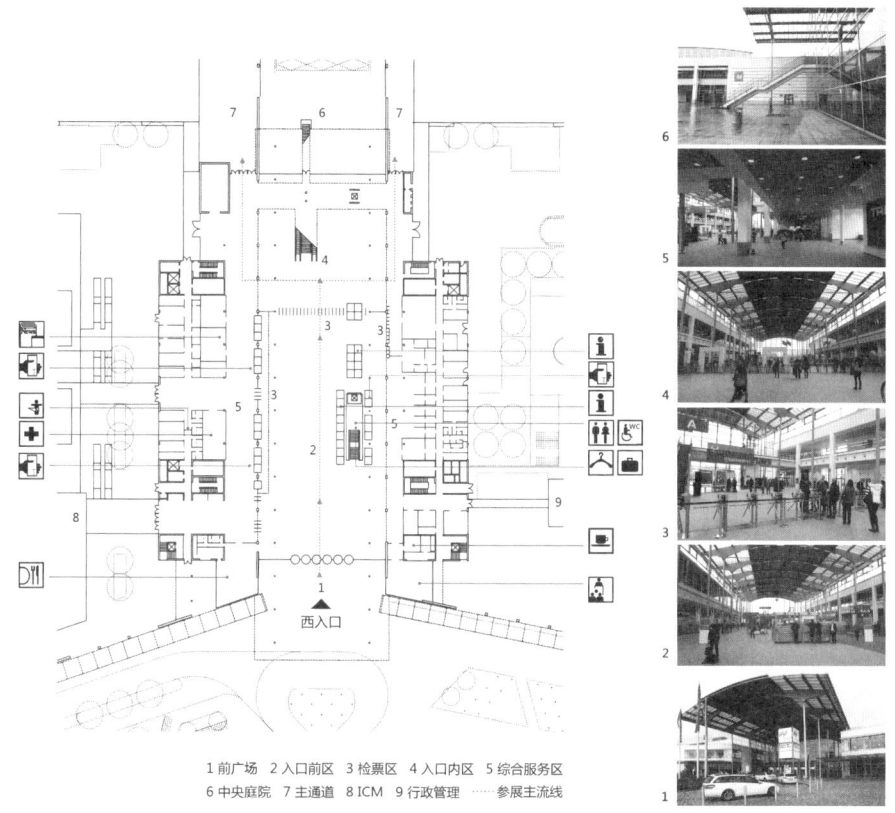

1 前广场 2 入口前区 3 检票区 4 入口内区 5 综合服务区
6 中央庭院 7 主通道 8 ICM 9 行政管理 ⋯⋯参展主流线

图4-89 慕尼黑会展中心西入口大厅公共服务空间平面分析
（来源：根据《Messen Munchen: Entwurf, Planung, Realisation》资料整理绘制）

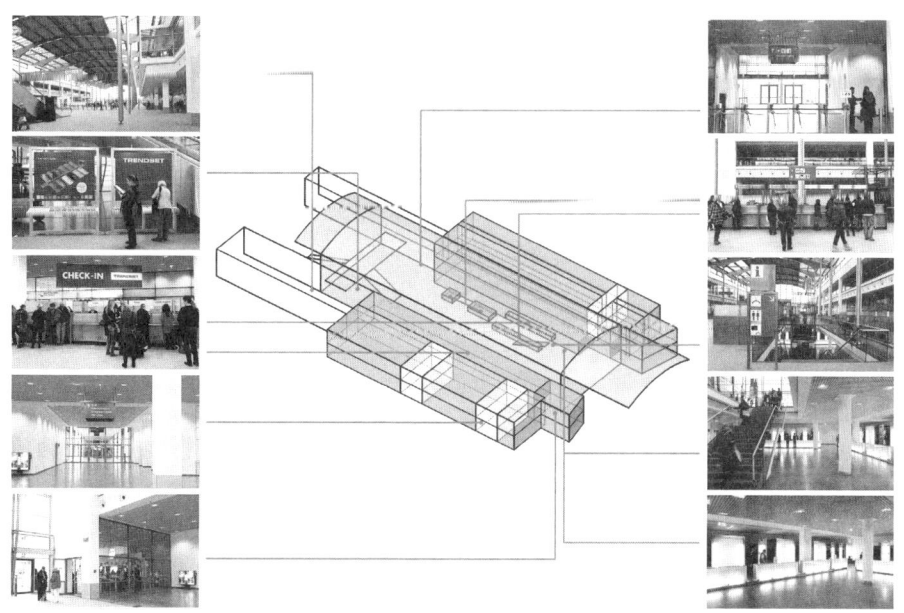

图4-90 慕尼黑会展中心西入口大厅公共服务空间分析

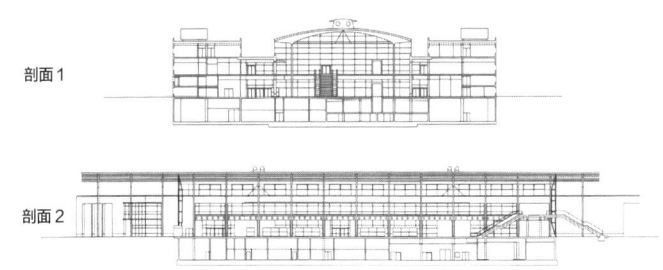

剖面1

剖面2

图4-91　慕尼黑会展中心西入口大厅剖面

（来源：根据《Messen Munchen：Entwurf, Planung, Realisation》资料整理绘制）

2. 展厅区

慕尼黑会展中心全部采用单层标准展厅，展厅净空高度为11m，标准展厅C呈71m×143m，标准展厅A、B呈71m×161m的长方形，均在短边设置夹层以布置会议、洽谈、餐饮等服务设施。其中，标准展厅A的公共服务空间基本位于展厅两侧，信息台位于北侧，咖啡吧及餐饮位于南侧及南侧的通道内（图4-92）。标准展厅B与标准展厅A对称（图4-93）。标准展厅C的公共服务空间主要位于北侧短边，包括餐饮、信息台、卫生间、竖向交通等（图4-94）。根据展会的需要，有时也在不同展厅中增设临时的餐饮或休闲区（图4-95）。

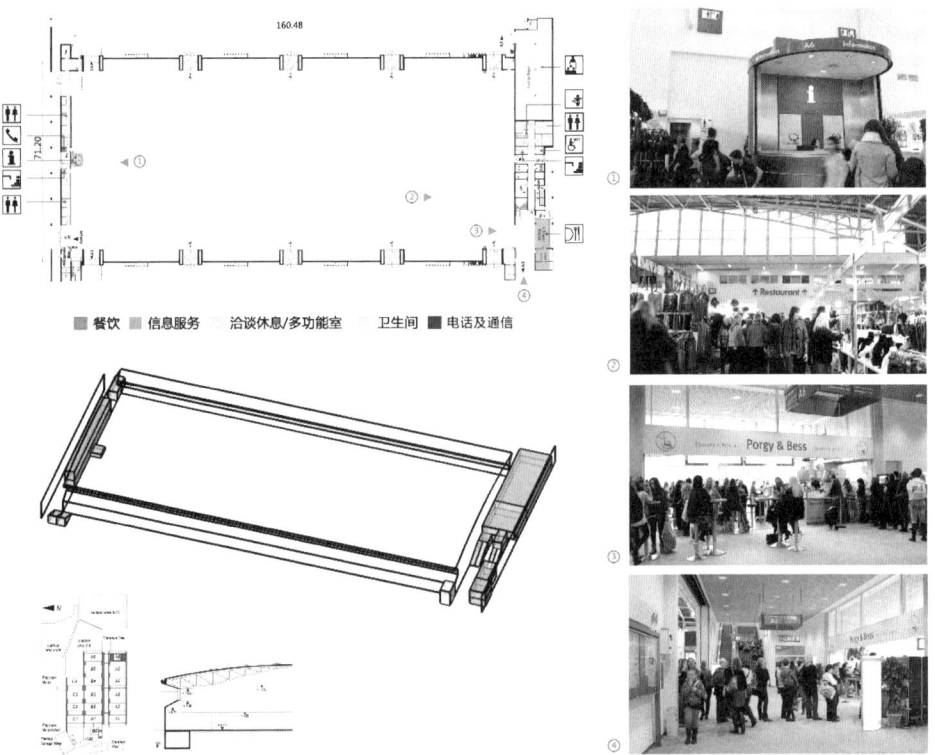

■ 餐饮　■ 信息服务　■ 洽谈休息/多功能室　■ 卫生间　■ 电话及通信

图4-92　慕尼黑会展中心标准展厅A6公共服务空间分析

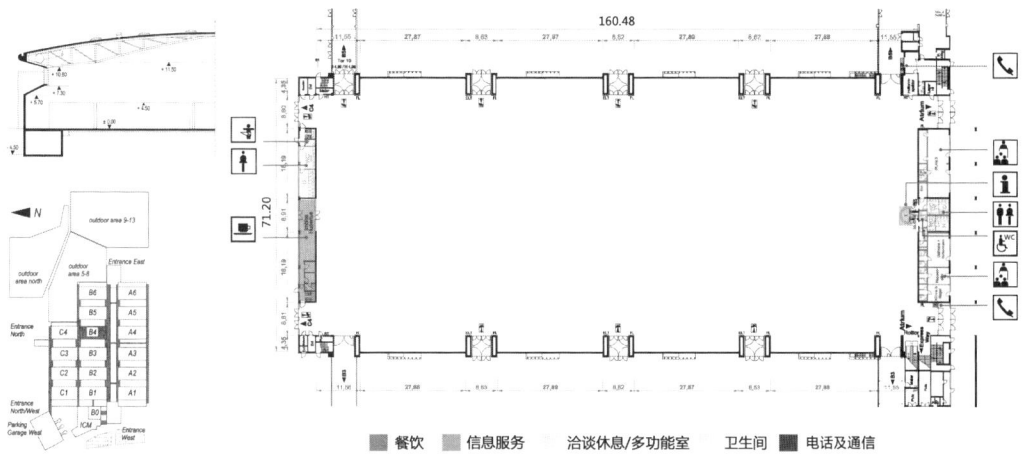

图4-93　慕尼黑会展中心标准展厅B4公共服务空间分析

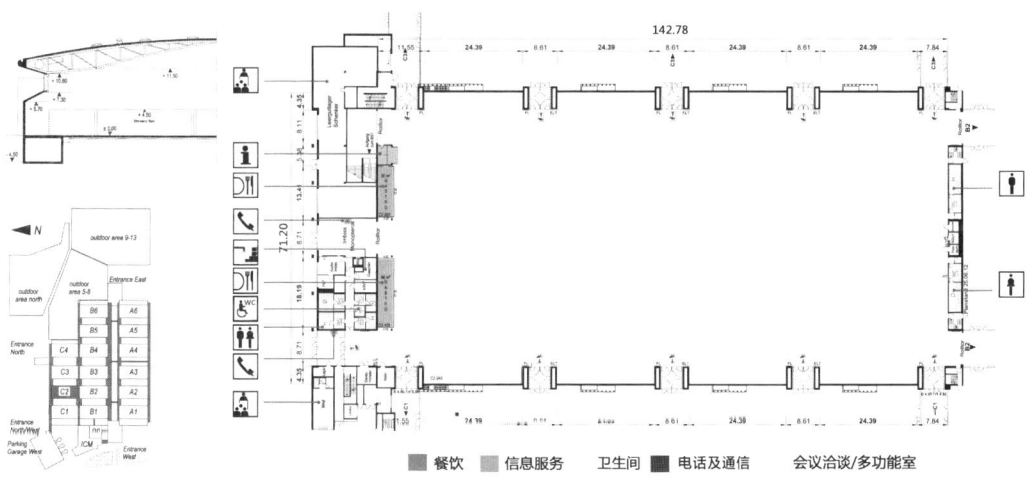

图4-94　慕尼黑会展中心标准展厅C2公共服务空间分析

图4-95　慕尼黑会展中心展厅中的临时餐饮或休闲空间

3. 主通道区

慕尼黑会展中心的中央步行廊道和景观轴线是其重要的公共服务设计亮点之一，中央步行廊道采用双层的室内和半室外空间结合的形式，在轴线上均匀分布了三处二层空中连廊，在联系A、B展厅的同时将围绕而成的大型室外庭院进行了适度的空间分割。中央庭院长650m，宽35m，覆盖大面积绿化，其间穿插一些步行小路，结合草坪、灌木摆放座椅、阳伞等，既在室外联系了两侧的各个标准展厅，又通过景观的精心设计营造出高度宜人的室外核心休闲区和独具德国特色的啤酒花园，成为慕尼黑会展中心室外活动的举办圣地。慕尼黑会展中心的中央庭院大大提高了公共服务空间的环境品质，成为整个会展中心的活力空间，这种中央步行廊道结合庭院的布局也成为当代特大型会展建筑的经典范例（图4-96）。不仅如此，中央庭院和西入口的前广场及水景，以及东入口的景观塔共同形成了完整的景观序列，绿树环绕，水面清澈见底，还有不同的景观小品作为点缀，使得慕尼黑会展中心的入口大厅、中央步行廊道等公共服务空间不仅功能完善，而且环境优美。相比于当代一些特大型会展建筑仅以超大尺度的广场、草坪等进行简单的景观布置，慕尼黑会展中心的景观设计可谓尺度宜人、精致丰富（图4-97、图4-98）。

4.5.4 公共服务空间特征分析

慕尼黑会展中心是当代会展建筑设计的经典案例，单元并联式的整体布局使得建筑各部分空间结构清晰，主要公共服务空间集中设置在门厅、主轴空间及标准展厅内，既相互独立又有机联系，便于单独或联合使用，公共服务设施的规则布置也更具有可达性和易达性。主轴线的中央步行廊道和中央公园式庭院赋予休闲、餐饮等公共服务空间良好的景观性（图4-99）。

总体而言，慕尼黑会展中心公共服务空间设计具有如下特征：

（1）入口门厅分区合理清晰，公共服务空间疏密有致，各门厅公共服务空间的配备专业全面，布局呈统一的标准化，便于观展者对各部分公共服务空间快速形成整体认知。

（2）模块化展厅使得内部的公共服务部分具有同一性和规律性——均位于展厅的两侧短边，且靠近主通道的一侧，位于展厅外侧，使得公共服务空间既有相对独立的空间组织，又与展厅和公共交通结合，在保证展厅内部完整和简洁的同时提升了公共服务空间的可达性。各展厅公共服务空间根据展厅之间的相互关系和景观性有侧重地布置餐饮、卫生间、信息咨询、休息室等不同的服务功能，主次分明，导向性强。

（3）东西主轴线设置的步行廊道、中央庭院、入口广场及水池等空间与公共服务功能密切结合，成为集聚休闲、餐饮、信息交流、文化活动的特色空间场所。

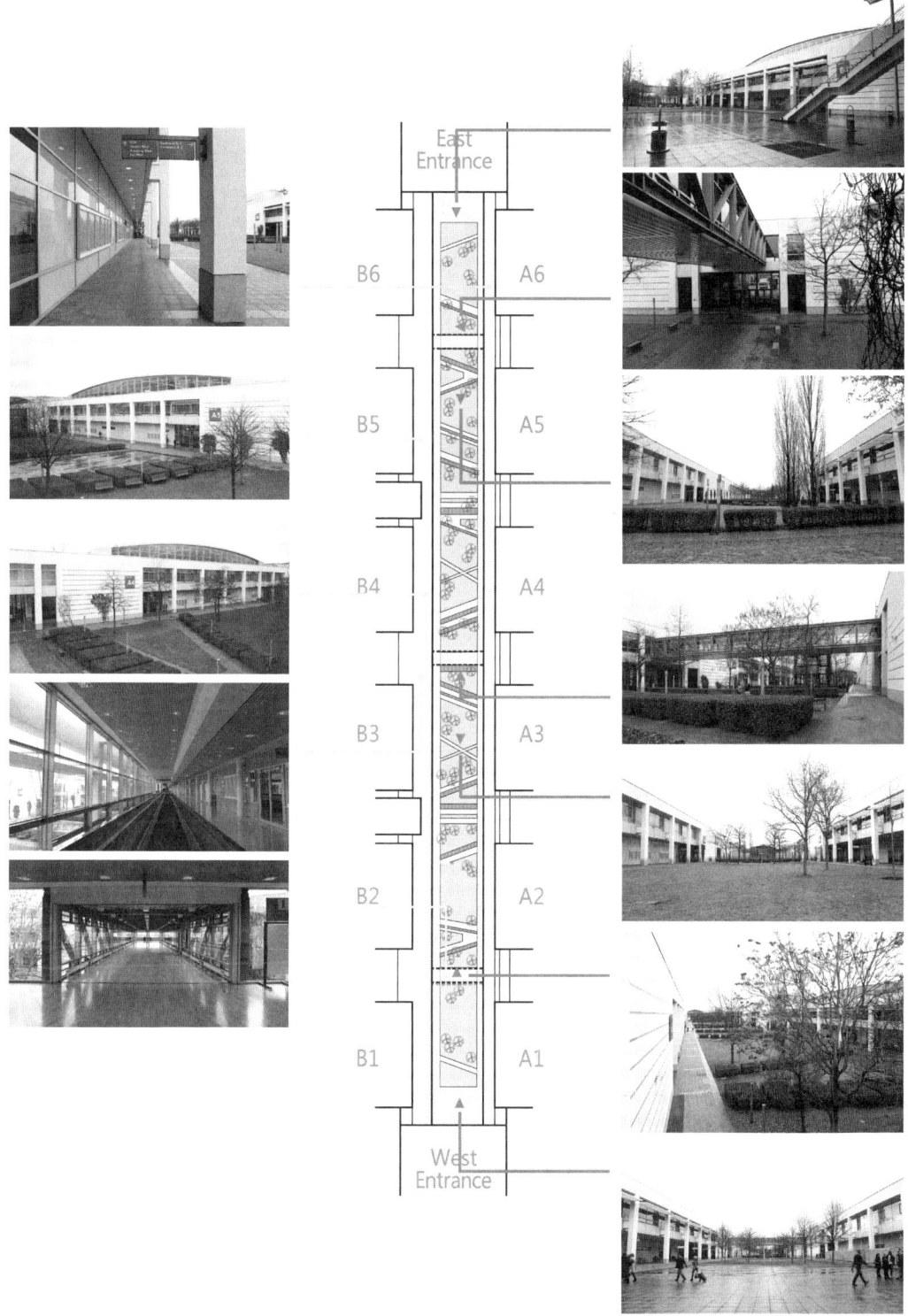

图4-96 慕尼黑会展中心中央庭院景观环境分析

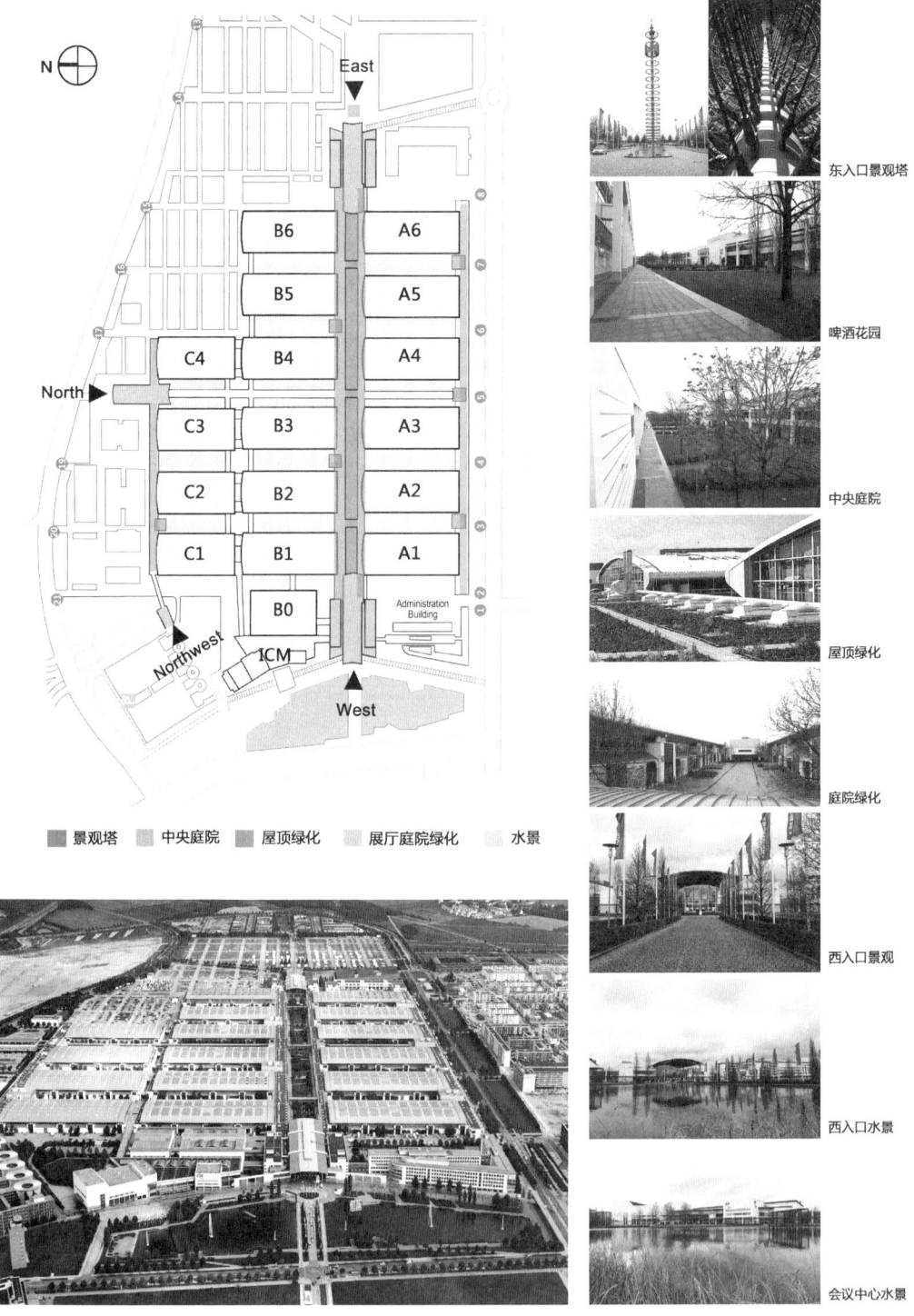

图4-97　慕尼黑会展中心整体景观环境

图4-98 慕尼黑会展中心西入口前区景观环境设计

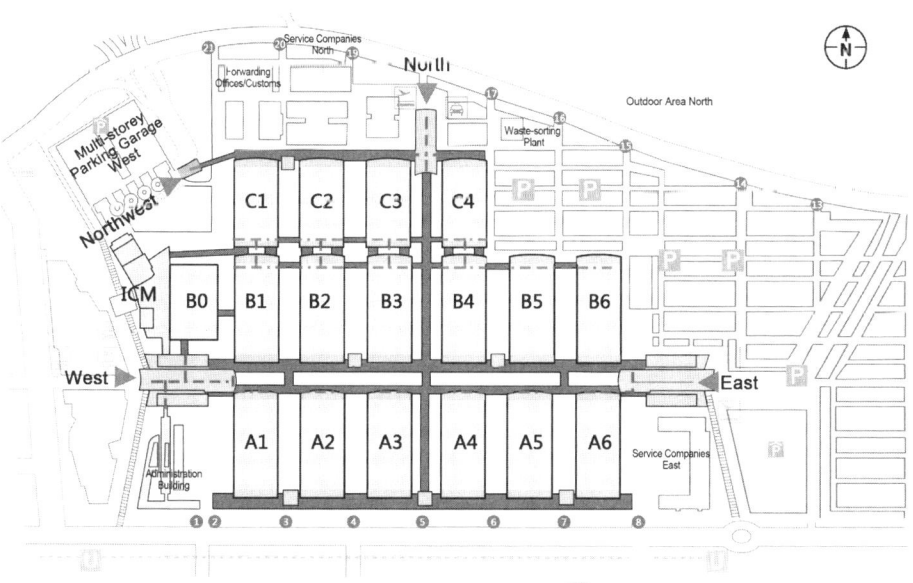

图4-99 慕尼黑会展中心公共服务空间系统组织

（4）整体空间结构和流线组织简洁明了，公共服务的功能兼具现代性和专业性，空间组织兼具秩序性、景观性和舒适性，以优质的公共服务空间品质形成了良好的场所认同感，有利于消除特大型会展建筑因尺度等多方面因素带来的消极影响，并以此提升了会展中心的整体参展感受。

4.6　德国特大型会展建筑公共服务空间特征归纳

德国特大型会展建筑公共服务空间在具有专业性和先进性的同时，也受早期规划、运营情况等多方面的因素影响，形成了不同的总体布局、流线组织和空间关系，各案例具有各自的优势及不足。其中，慕尼黑会展中心和科隆会展中心的综合设计策略相对更好，慕尼黑会展中心作为后期新建的案例典范，可为新型特大型会展建筑设计提供参考，科隆会展中心以公共服务空间为主导进行改扩建的模式为大型会展建筑更新提供了启示。同时，各案例的共性和规律性，为当代特大型会展建筑公共服务空间系统设计的方法与策略提供依据。可以看出，优化公共服务空间设计已成为特大型会展建筑的发展趋势，会展中心不仅仅是展览的载体，而是集餐饮、商业、休闲、交流、景观等多元要素为有机体的公共活力空间，使其成为富有趣味和人性化的空间场所（表4-6）。

德国特大型会展建筑公共服务空间特征　　　　　　　　　表4-6

建筑案例	汉诺威会展中心	法兰克福会展中心	科隆会展中心	杜塞尔多夫会展中心	慕尼黑会展中心
总体规划	环绕式、有中央庭院	串联式、有单侧连廊	串联式、有主通道	环绕式、有中央庭院	并联式、有主通道、有中央庭院
公共服务总体布局	位于入口大厅、各展厅、中央庭院内，有独立的服务中心	位于入口大厅、各展厅内，有独立的服务中心	位于入口大厅、中央通道及展厅结合处、展厅内，有独立的服务中心	位于入口大厅、各展厅、中央庭院内，有独立的服务中心	位于入口大厅、各标准展厅、主通道、中央庭院内
入口大厅	多个，公共服务相对简单	4个，设施完备	4个，南北为主，设施完善	3个，两个与会议中心结合，设施完备	3个，结合信息服务台，设施完备
中央主通道	无	以联系各展厅为主，兼具展卖	集聚公共服务，与展厅、客服中心、会议中心相连	无中央主通道，局部二层架空连廊	联系各展厅、会议及公共服务，结合中央庭院，有二层架空连廊
展厅层数	单层	双层、多层	单层、双层	8号展厅双层，其余单层	单层

展厅	**公共服务部分**	单层或局部夹层	单层或多层	单层或局部夹层	带夹层为主	双层
		展厅内侧	展厅内侧或前厅	展厅外侧、内侧，相连展厅公共通道	展厅内侧、外侧	展厅外侧
		各自配备	各自配备	较为统一	各自配备，部分统一	标准化
公共服务空间特征		以展厅为主；展厅公共服务部分可独立对外	以入口大厅、各展厅为主；公共服务空间竖向层次多	以中央主通道及与各主要空间结合处为主；单层展厅内公共服务空间统一；公共服务空间集约高效	以入口大厅、各展厅为主；北入口、南部客服中心、中央庭院形成公共服务轴线	入口大厅、各展厅公共服务空间标准化；中央步行廊道与中央庭院结合，提升环境品质

第 **5** 章

设计理念与
方法启示

5.1 设计理念

5.1.1 区域协同设计

德国特大型会展建筑是建立在一定区域之中，为社会提供商贸服务的公共物质平台，可以说，德国特大型会展建筑各方面的设计与经营状况都反映着一定区域内自然、文化、社会和经济的发展情况。因此，对于其公共服务空间的发展和完善，也是基于区域的眼光并在区域协同理念指导下形成的一种兼具开放性、整体性和适应性的现代设计。

1. 开放性

德国特大型会展建筑公共服务空间不是封闭的自我空间系统，而是面向大众和整体区域的开放系统，其开放性包括功能、空间、环境等诸多方面，如功能的服务范围、空间的围合程度、材料的选择与使用、空间品质和氛围的营造等等，开放性设计有利于空间的可达与共享，形成相互渗透、相互作用的公共场所，使建筑与使用主体和客观环境协同共生，这也是特大型会展建筑公共服务空间应满足的一种基本状态。

2. 整体性

德国特大型会展建筑的发展特征是功能的复杂集聚、空间的庞大多样、职能的综合拓展，并成为一个由多要素组合的有机整体。整体性设计有利于将分散无序的要素聚合形成有序的系统，相互激发，实现最佳的整体效应。

3. 适应性

适应性设计是从整体观出发，通过不断调整建筑自身构成要素以适应和满足其发展需要，在适应性理念的引导下，通过一定的设计方法，使得公共服务空间适应展会在内容、方式、人群等方面的不确定性与多样性，从而在同一时段或不同时段容纳不同的功能需求，并满足不同规模、不同形式展览和会议的要求，更好地为国际化、专业化的展会服务，提升展区整体公共服务品质。

5.1.2　以人为本设计

（1）物质层面：德国特大型会展建筑公共服务空间的人本化设计多是体现在人所能直观接触和感受到的近人尺度和细节设计上，以人的行为和感知作为设计的出发点与参照系，通过功能的设计与组合、空间的布局与组织、尺度的选择与把握、设施与材料的运用，以及色彩、光线、景观的设计等，创造宜人的使用空间和环境氛围，促进人、建筑及环境的良性互动，从而满足特大型会展建筑公共服务空间人本化设计的基本要求。

（2）人群层面：在德国特大型会展建筑公共服务空间的设计中，充分考虑不同团体、不同国家、不同地域的人群特点，提供在展会期间所需的多种个性化服务。同时，在无障碍设计、通用设计方面，充分考虑老人、儿童、孕妇以及残障者等弱势群体的生理、心理特征和需求，最大限度地消除由于身体不便带来的障碍。基于人群细分层面的关怀，是完善公共服务空间功能和提升空间品质的重要依据，也是德国特大型会展建筑以人为本的重要体现。

（3）社会层面：德国特大型会展建筑的人本化是对会展业发展与现代建筑设计理念相结合的再思考，将建筑与社会需求、行业事件、大众心理密切联系在一起，既强调把关心人、尊重人的宗旨体现到空间环境的设计中去，又注重行业发展和整体区域的环境协调，实现人、建筑、城市、产业多方位的协同发展，这是特大型会展建筑人本理念的最高层面。

其理念主要体现在：

（1）空间功能布局合理，改善室内空间的使用局限、使用效率，最大限度地发挥系统的功能性；

（2）空间的形式、比例、尺度符合人的审美标准和使用特点；

（3）注重人的不同特点和需求，创造出有特色的使用空间，以适应和满足主体多元化要求以及对弱势群体的特殊关怀与人文关怀；

（4）注重室内外整体环境设计，注重节能与环保，使人、社会、自然和谐共生。

5.1.3　可持续设计

特大型会展建筑作为一个庞大的系统工程，其可持续发展关系到建筑运营、展会主体、社会经济发展等多重层面。一方面，德国特大型会展建筑设计中，通过多种设计方式和技术手段实现建筑层面的可持续性理念，如合理地组织空间分区和功能布局，减少不必要的空间和面积浪费，尽可能缩短人行流线，采用多种景观设计改善环境等等。特别在整体规划设计中，德国特大型会展建筑普遍遵从可持续发展理念——注重空间的整体组织，注重公共服务空间的协同关联，注重改扩建的方式以保证不影响建成部分的正常使用。另一方面，德国主流社会及相关领域认为，德国特大型会展建筑作为涉及经济、社会、科技、文化等诸多方面的综合系统，其可持续发展关系到区域可持续发展的大环境，不仅是保护环境和节约能源，还包括经济、社会、生态等多方面，因此，德国特大型会展建筑及其公共服务空间的建设不仅仅追求建筑层面的可持续性，还注重建筑与人、建筑与社会以及建筑与环境的可持续发展，以社会效益、经济效益、文化效益的平衡促进会展业和社会综合发展的可持续性。

5.2 设计方法

德国特大型会展建筑在规模扩大的同时，重点发展其公共服务部分，从微观单元到宏观系统，注重公共服务空间尺度、功能及其相应设施配置的改善与提升，旨在形成多元聚合系统，缓解特大型会展建筑潜在的负面影响，给人以良好的场所感受，并为特大型会展建筑可持续发展提供重要支撑。

5.2.1 层级化的尺度营造

其一，在德国特大型会展建筑及其公共服务空间中，涵盖了区域尺度、建筑尺度、近人尺度以及细部尺度等多层级的尺度营造，并以人本化理念综合指导各个层级的设计，从而将超大尺度分解成相互结合的不同尺度层级，以此化解超大尺度的矛盾和缺陷。另外，德国特大型会展建筑基本是单元式展厅布局，通过将硕大的建筑体量划分为多个比例匀称的单元体，并在单元体中设置部分公共服务空间，使建筑与人、与环境建立起和谐友好的关系。

其二，德国特大型会展建筑在典型公共服务空间设计中，如入口大厅、前厅以及展厅等围合空间，通过空间比例的设计，消解大体量建筑空间对人心理的负面影响，并通过合理的功能空间组织，营造便捷的空间序列，满足可达性与易达性。在中央廊道等主要的交通空间中，注重提高流线的可选择性、流线的立体化与复合化，结合公共服务空间的均好性布局和设置传送带等设施，控制并解决流线过长、流线空间单调乏味等问题。

其三，精心设计公共服务设施、景观小品等小尺度细节，利用空间质感和细节设计塑造舒适的细部尺度和近人尺度，给人以实用、舒适、美观的良好感受。

5.2.2 复合化的功能结构

在德国特大型会展建筑设计中，多种功能的系统化组合，使单一功能克服了其局限性，在系统内部各单元的关联与整合基础上，实现单元内部功能之间、单元与单元组合之间、系统与外部环境之间相互作用，创造复合的功能结构和优越的整体功能系统，进而促进系统整体向最优化的方向发展。

一方面，德国特大型会展建筑公共服务功能齐备，除传统的为展会提供票务、餐饮、休闲、通信等必要的服务，还包括礼拜服务、儿童托管、育婴室、无障碍服务等。近年来，随着计算机网络技术的发展，会展业对现代化功能和工具提出了更多的需求，德国特大型会展建筑基本均配有一套完整专业的与展会相关的公共服务及配套设施，以及查询、预定、办理等服务系统的网络化与自动化，各功能单元形式多样且具有自身的模式，各公共服务在兼具自身模式的同时与不同的功能单元复合，以一定的结构层次分布在整个会展建筑中，集中与分散相结合，达到公共服务功能布局的均好性，以更优化的方式为使用者提供高效服务。

另一方面，公共服务功能不断向其他功能空间复合渗透。对内，在德国特大型会展建筑中，各主要功能空间界面产生模糊性渗透，公共服务部分与展览、会议等功能空间复合，同时，部分展示和洽谈功能被放置在公共服务空间内；对外，源于公众的社会活动需求，其他大型活动、文化集会及发布会等也在特大型会展建筑公共服务空间内得到开展，通过将城市其他公共活动设置在会展建筑中，或将公共服务功能与城市空间结合形成过渡的休闲功能，再或直接设置出入口将餐饮、休闲、商业等功能直接为城市服务等多种方式，使会展建筑的公共服务功能与城市功能互补，成为城市公共服务功能弹性使用的一部分，从而不断提升整体区域公共服务的持续度与活跃度。

5.2.3 多元化的空间形式

德国特大型会展建筑公共服务空间多元化设计的意义在于提升特大型会展建筑空间发展的灵活性与适应性，实现流线的集约复合与空间体验的丰富多样，从而提高空间使用效率，扩大展会观众的可选择性，丰富观展体验，是满足现代会展业发展的必然要求。

在建筑空间设计方面，德国特大型会展建筑公共服务多元化的空间形式是综合考虑空间布局、空间节点、空间界面以及流线组织等多重因素的系统性设计。根据不同功能需求设计适宜的空间形式，不同空间形式彼此融合渗透，实现多样化组合。通过灵活分隔和可变布局，实现空间利用的多元转换和自由配置，如根据展会规模，在中央通道、展厅以及前厅内增设临时售卖和休憩，或结合平台和小型区域增设休闲区和公共服务设施，再或运用多媒体、灯光控制及虚拟技术等，优化公共服务空间的环境品质。配套公共服务空间和设施也具有一定的灵活性，既能满足各展厅自身使用的基本要求，又能在大型活动中具备一定的共享潜能。多元化的空间形式，有利于形成均好性的布局、参与性的空间、立体化的结构以及便捷性的流线。

在外部环境营造方面，德国特大型会展建筑尤其注重室内外公共服务空间的过渡和室外场地公共服务的布置，充分考虑在特大型展会期间提供充足的展场和服务，并通过水景、绿化、广场等元素的设计组合，丰富公共服务空间和景观环境层次，营造特大型会展建筑和城市区域的特色空间。

5.2.4　人本化的服务设施

特大型会展建筑与会展活动在规模上的巨型化和集中化，使身处会展建筑内部的参会主体极易产生疲劳感和混乱感，为了有效缓解这些不良感受，获取宜人化的展会环境，德国特大型会展建筑公共服务空间构建了现代化、系统化、人性化的服务设施，包括：

（1）在重要交通空间内合理均匀地设置水平传送带、自动扶梯、电梯等现代化"代步"工具，并提供轮椅、电动车等移动设施的租赁，为人们创造一个轻松、舒适的参展条件。

（2）在室内外公共活动区域和室外绿化环境中，应尽可能提供充足的休憩区域和座椅设施。

（3）针对人们在展会中的各种需求，如饮水、购物、通信、信息咨询、商务活动等，在人群活动集中的入口大厅、中央通道、展厅等公共服务场所内，配备自动净水供应、公用通信设备、自动售货机、自动取款机、信息查询终端等一系列细节性的服务设施，从人性化的角度考虑各项服务设施的建设。正是这些点滴之处为使用者提供了各种各样细致周到的高品质服务，使公共服务空间的使用满意度大幅提升，从而综合彰显出德国特大型会展建筑公共服务系统的便捷化、完善化、人性化的发展方向。

5.2.5　舒适化的环境设计

随着社会整体环境意识的提高，德国当代特大型会展建筑更加倡导对生态环保与绿色设计的高标准要求，在设计过程中，采取多种措施改善和提升建筑物理环境，利用庭院、垂直绿化以及室外水景等创造具有良好景观性的室内外公共服务环境：例如在人们歇息处和活动频繁的区域设计水景，种植花草树木，并将标识系统和休憩场所巧妙地与环境设计相结合，使得人工设施和花草树木相互融合、相互掩映，增加使用者对室外公共服务空间环境的满意度。构筑环境友好型的公共服务空间是当代德国特大型会展建筑设计的重点，这种友好型的空间环境既表明会展建筑内部努力营造绿色舒适的公共服务场所，又意味着会展建筑通过采取自律措施，最大限度减少对外部环境的消极影响，并通过景观环境提升空间品质，实现多重环境的和谐共生与可持续发展。

5.3 设计趋势

5.3.1 特大型会展建筑公共服务空间的发展趋势

（1）公共服务功能更为多元化。在传统的会展建筑中，以展览和会议功能为主，公共服务以配合展览与会议的顺利进行而提供相应的基本服务。但源于特大型会展建筑强大的汇聚力和会展业及展会主体的多元化需求，其公共服务空间需涵盖更多的功能和内容，提供一种开放的、交互的、综合的复合化功能结构体系，从而全面地应对和满足建筑与人、建筑与会展业的发展互动。不仅如此，除了自身功能的增加与综合外，德国特大型会展建筑的公共服务功能还具有更加普遍的社会化职能，对整个区域和城市的公共服务功能具有更深远的影响。

（2）公共服务空间更为丰富化。公共服务空间充分考虑人的需求，采用更加层次化的设计与选择，使得从场地到建筑，从建筑到单元具有清晰的空间结构和尺度层级。同时，多种功能空间紧密联系、相互渗透融合，内外空间、不同层级空间更加开放、共享，成为公众集散、互动、交流的积极而活跃的场所。此外，新的科学技术在特大型会展建筑公共服务空间中得到了越来越多的应用，空间形态更加数字化和虚拟化，营造出有利于大量信息传递与扩散的积极空间，在未来，特大型会展建筑的功能优化设计更多是靠公共服务功能来达成。

（3）公共服务形式更为广泛化。公共服务的形式已不仅仅局限在一些具象的方式上，也不局限在展会期间，而是结合展会前期、中期、后期，提供历时性的全方位服务。德国展览公司和会展场馆的网站都十分完善，为不同参会主体提供多种网上服务，包括参展申请、活动预约、机票酒店预定等等。同时，这些服务和会展建筑中的公共服务对接，参展者可通过现场设备对相关预约进行确认、登录，或到相应服务中心办理进一步的手续。可见，通过网络化管理和多种服务形式相结合的方式，特大型会展建筑公共服务系统更加自由化，涵盖的时间区间和辐射范围更加广泛化，大大提高服务质量和服务效率，也增强了公共服务的针对性和个性化。

5.3.2 以公共服务空间为主导的特大型会展建筑设计

在以往的会展建筑中，公共服务常处于附属性地位——在功能上，主要是注重配置一些必须的基本功能，而缺乏更为人性化的功能和设施，在网络和其他先进技术的应用上也较为匮乏；在空间品质上，常常将服务空间置于一些不重要的辅助区域，舒适性和景观性都差强人意，体现出对公共服务空间较为片面的认知，制约了公共服务空间品质的提升和会展建筑整体的运营发展。

在当今先进的会展建筑设计中，设计要点已不再局限在展厅和会议部分，而是将公共服务空间同样作为设计重点进行有机整合。在特大型会展建筑设计中，由于其超大的规模和尺度在诸多方面会产生潜在的矛盾，给使用者带来生理和心理上的负面感受，而公共服务空间正是解决这些矛盾的关键之一：舒适的公共服务空间设计可以提供近人的空间尺度、多元的服务内容，成为有机组织整体流线和提升空间品质的重要元素，为建设一流的特大型会展中心提供可持续的条件并成为举办国际大型展会的吸引点。在德国特大型会展中心的改建、扩建、新建中，都涉及公共服务空间的设计与提升，对其重视程度日益显著。由此，公共服务空间从传统会展建筑的配角变成特大型会展建筑功能系统中的重要部分，在当代的设计思路中，公共服务空间的地位由附属性上升为主导性，由公共服务空间主导的特大型会展建筑设计，其整体布局与空间品质都会得到全面提升，甚至产生质的飞跃，成为可以承载国际大型展会的现代化场馆典范，这也将成为今后特大型会展建筑设计的主流设计思想之一。

5.4　设计启示

其一，特大型会展建筑需具有当代性和专业性。特大型会展建筑作为当代会展业发展的前沿载体，其设计、建造和运营管理需深刻把握时代脉搏，融合行业趋势、技术进步及社会需求，以实现对建筑职能及公共服务的全面升级。

其二，特大型会展建筑需具有地区性和协同性。特大型会展建筑往往是某一城市乃至国家的重点项目，已成为影响地方、整体区域和国家发展的重要因子，有必要注重公共服务系统的复合与开放，注重建筑系统与城市系统的和谐共生，并在规划布局和建筑设计中，综合考虑地方特色、文化关联和产业优势，在发挥自身效益的同时兼具更多元化的区域及社会职能。

其三，特大型会展建筑需具有人本性和可持续性。在德国，会展业及会展建筑已成为民众生活的一部分，参加展会成为大众了解不同信息、不同产品以及文化交流、科技共享的重要途径，由此，特大型会展建筑并不是一个简单在短期内为展会举办提供大型空间的建筑物或建筑群，而是一个集多种配套公共服务为一体，兼具行业、经济、文化、科技、社会等多方位职能的空间场所，容纳了大众生活和区域文化。

近年来，我国会展业已步入高速成长时期，相继建成了一批超大规模的特大型会展建筑，如目前世界上单体规模最大的上海国家会展中心、中国进出口商品交易会琶洲展馆、重庆国际博览中心、上海新国际博览中心等。同时，在展会和展商方面，我国的大型展会和品牌展会也在持续增多，并形成了北京、上海、广州、香港、南京、沈阳、深圳在内的国际一线会展城市。通过对德国特大型会展建筑公共服务空间的分析研究，旨在倡导一套从地区、社会、行业、建筑以及人本关怀综合角度出发的设计理念与方法策略，相互借鉴与启发，其作为新兴且重要的建筑类型，有待社会各方在研究与实践中不断总结和思考。

附录A 德国特大型会展建筑案例实地调研资料

汉诺威会展中心实地调研情况 表A.1

基本信息	
所在城市	汉诺威
展览规模排名	德国第一
建设年代	1947年
近期扩建时间	1996~2000年
距市中心距离（km）	6
占地面积（万㎡）	100
室内展览面积（万㎡）	44.8900
室外展览面积（万㎡）	5.8070
展厅（个）	27
主入口大厅（个）	10
停车位（万个）	5
展览公司	汉诺威展览公司
成立时间	1947年
参展商（万/年）	2.6
参观者（万/年）	230

调研信息	
调研方式	观察、相机记录、文字记录、图式记录、访谈、咨询
参加展会	Pferd&Jage：展会规模83500㎡、参展观众77599人
重点调研内容	功能：入展登录、餐饮、商业、综合、休闲 空间：主入口大厅、各展厅、中央庭院、信息中心、会议中心、总体规划布局、整体空间组织、公共服务空间感受

法兰克福会展中心实地调研情况		表A.2

基本信息		
所在城市	法兰克福	
展览规模排名	德国第二	
建设年代	1909~1911年	
近期扩建时间	2001~2009年	
距市中心距离（km）	1	
占地面积（万m²）	57.8	
室内展览面积（万m²）	35.8913	
室外展览面积（万m²）	9.6078	
展厅（个）	11	
主入口大厅（个）	4	
停车位（万个）	2.2	
展览公司	法兰克福展览公司	
成立时间	1908年	
参展商（万/年）	4	
参观者（万/年）	200	

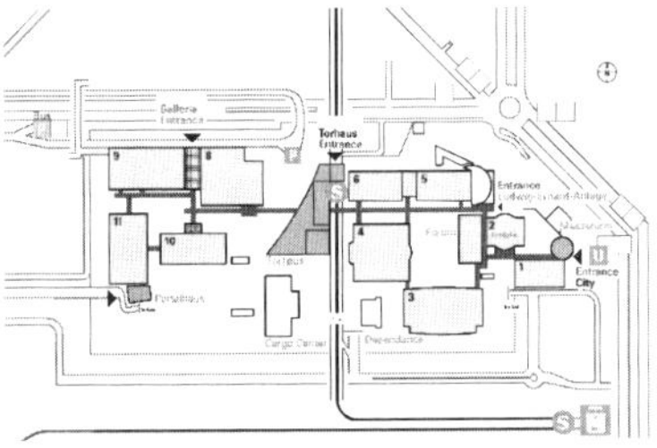

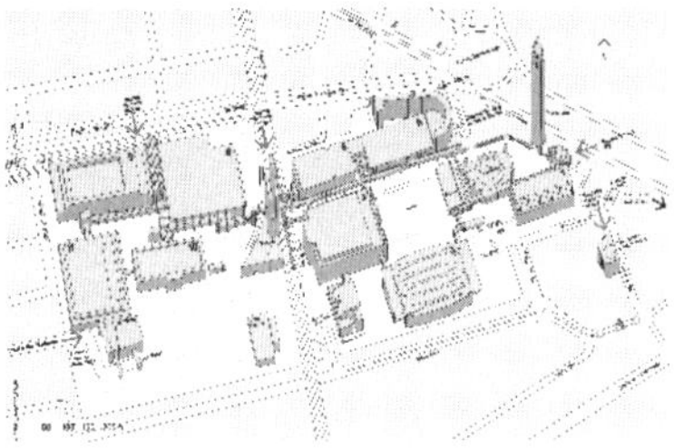

调研信息	
调研方式	观察、相机记录、文字记录、图示记录、访谈、咨询
参加展会	Ambiente：展会规模329300m²、参展观众139367人
重点调研内容	功能：入展登录、餐饮、商业、综合、休闲 空间：4个主入口大厅、各展厅、公共连廊、客服中心、总体规划布局、整体空间组织、公共服务空间感受

科隆会展中心实地调研情况　　　　　　表A.3

基本信息

所在城市	科隆
展览规模排名	德国第三
建设年代	1924年
近期扩建时间	2006年
距市中心距离（km）	2
占地面积（万m²）	—
室内展览面积（万m²）	28.4000
室外展览面积（万m²）	10.0000
展厅（个）	11
主入口大厅（个）	4
停车位（万个）	1.5
展览公司	科隆国际展览公司
成立时间	1922年
参展商（万/年）	4.76
参观者（万/年）	220

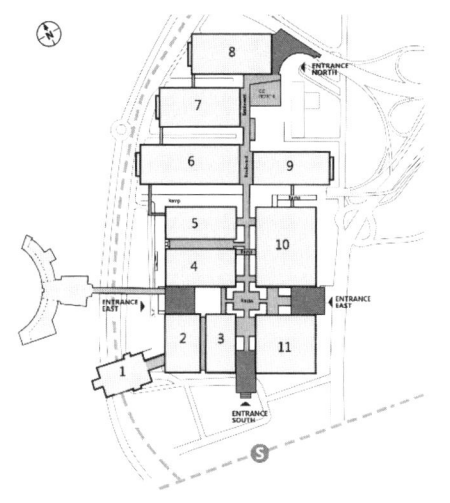

调研信息

调研方式	观察、相机记录、文字记录、图示记录、访谈、咨询
参加展会	Imm Cologne/LivingKitchen：展会规模261000m²、参展观众141591人
重点调研内容	功能：入展登录、餐饮、商业、综合、休闲 空间：南北主入口大厅、各展厅、中央主通道及客服中心、会议中心、总体规划布局、整体空间组织、公共服务空间感受

<table>
<tr><td colspan="2" align="center">杜塞尔多夫会展中心实地调研情况</td><td align="right">表A.4</td></tr>
</table>

基本信息		
所在城市	杜塞尔多夫	
展览规模排名	德国第四	
建设年代	1971年	
近期扩建时间	2007~2010年	
距市中心距离（km）	4	
占地面积（万m²）	—	
室内展览面积（万m²）	26.2407	
室外展览面积（万m²）	4.3000	
展厅（个）	17	
主入口大厅（个）	3	
停车位（万个）	2.2	
展览公司	杜塞尔多夫展览公司	
成立时间	1947年	
参展商（万/年）	2	
参观者（万/年）	112	

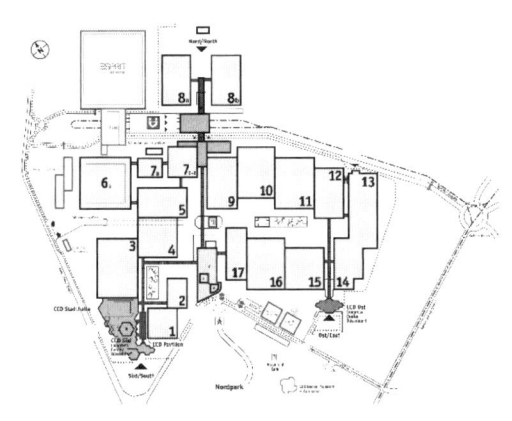

调研信息	
调研方式	观察、相机记录、文字记录、图示记录、访谈、咨询、文献搜集
参加展会	Boot-Dusseldorf：展会规模214200m²、参展观众219186人
重点调研内容	功能：入展登录、餐饮、商业、综合、休闲 空间：4个主入口大厅、各展厅、公共连廊、客服中心、总体规划布局、整体空间组织、公共服务空间感受

慕尼黑会展中心实地调研情况　　　　　　　　　　表A.5

基本信息

所在城市	慕尼黑	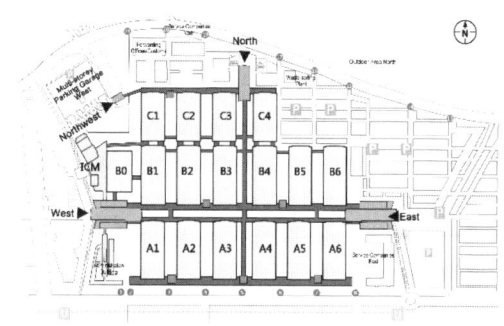
展览规模排名	德国第五	
建设年代	1998年	
近期扩建时间	2009年	
距市中心距离（km）	11	
占地面积（万m²）	73	
室内展览面积（万m²）	18.0000	
室外展览面积（万m²）	42.5000	
展厅（个）	17	
主入口大厅（个）	3	
停车位（万个）	1.3	
展览公司	慕尼黑国际展览集团	
成立时间	1964年	
参展商（万/年）	3	
参观者（万/年）	200	

调研信息

调研方式	观察、相机记录、文字记录、图示记录、访谈、咨询
参加展会	FOOD&LIFE：展会规模144917m²、参展观众117686人 TRENDSET（Winter）：展会规模132815m²、参展观众32721人 OPTI：展会规模40000m²、参展观众23243人
重点调研内容	功能：入展登录、餐饮、商业、综合、休闲 空间：各主入口大厅、各展厅、公共连廊、客服中心、总体规划布局、整体空间组织、公共服务空间感受

附录B 世界特大型会展建筑场馆规模排名

世界特大型会展建筑场馆规模排名（室内展览面积大于10万m²的会展场馆） 表B.1

排名	场馆名称	城市	国家	展览规模（万m²）
1	National Exhibition and Convention Center（Shanghai） 上海国家会展中心	上海	中国	50.000
2	Hannover Exhibition Grounds 汉诺威会展中心	汉诺威	德国	46.044
3	Frankfurt/Main Exhibition Grounds 法兰克福会展中心	法兰克福	德国	35.553
4	Fiera Milano 米兰新国际展览中心	米兰	意大利	34.500
5	China Import&Export Fair Pazhou Complex 中国进出口商品交易会琶洲馆	广州	中国	34.000
6	Cologne Exhibition Grounds 科隆会展中心	科隆	德国	28.400
7	Düsseldorf Exhibition Grounds 杜塞尔多夫会展中心	杜塞尔多夫	德国	26.270
8	Paris-Nord Villepinte 巴黎北郊维勒班展览中心	巴黎	法国	24.258
9	McCormick Place Chicago 芝加哥麦考密克会展中心	芝加哥	美国	24.155
10	Fira Barcelona Gran Via 巴塞罗那展览会展中心	巴塞罗那	西班牙	24.000
11	Feria Valencia 瓦伦西亚会展中心	瓦伦西亚	西班牙	23.084
12	Paris Expo Porte de Versailles 巴黎凡尔赛门展览中心	巴黎	法国	22.738
13	Crocus Expo IEC Moskau 克洛库斯国际会展中心	莫斯科	俄罗斯	22.640
14	Chongqing International Expo Centre 重庆国际博览中心	重庆	中国	20.400
15	The NEC Birmingham 英国伯明翰国家展览中心	伯明翰	英国	20.163
	Bologna Fiere 博洛尼亚会展中心	博洛尼亚	意大利	20.000
16	IFEMA Feria de Madrid 马德里会展中心	马德里	西班牙	20.000
	SNIEC Shanghai 上海新国际博览中心	上海	中国	20.000

排名	场馆名称	城市	国家	展览规模 （万m²）
17	Orange County Convention Center Orlando 橙县展览中心	奥兰多-佛罗里达州	美国	19.088
18	Las Vegas Convention Center 拉斯维加斯会展中心	拉斯维加斯-内华达州	美国	18.446
19	Munich Exhibition Grounds 慕尼黑会展中心	慕尼黑	德国	18.000
20	Nuremberg Exhibition Grounds 纽伦堡会展中心	纽伦堡	德国	16.000
	Berlin Expo Center City 柏林会展中心	柏林	德国	16.000
21	Verona Fiere 维罗纳会展中心	维罗纳	意大利	15.154
22	Wuhan International Expo Center 武汉国际博览中心	武汉	中国	15.000
23	Messe Basel 巴塞尔展览中心	巴塞尔	瑞士	14.100
24	IMPACT Muang Thong Thani Bangkok 曼谷IMPACT会展中心	曼谷	泰国	14.000
25	VVC Moskau 全俄会展中心	莫斯科	俄罗斯	13.272
26	Georgia World Congress Center Atlanta 佐治亚世界会展中心	亚特兰大-佐治亚州	美国	13.011
27	BVV Veletrhy Brno 布尔诺国际展览中心	布尔诺	捷克	12.131
28	Reliant Park Houston 休斯顿Reliant中心	休斯顿	美国	12.040
29	Fiera del Levante Bari 莱万特展览中心	巴里	意大利	12.000
	Yiwu International Expo Center 义乌国际博览中心	义乌	中国	12.000
30	Fiera Roma 罗马会展中心	罗马	意大利	11.891
31	Fira Barcelona Montjuic 巴塞罗那Montjuic展览中心	巴塞罗那	西班牙	11.521
32	Brussels Expo 布鲁塞尔博览中心	布鲁塞尔	比利时	11.444
33	EUREXPO Lyon 里昂全欧会展中心	里昂	法国	11.427
34	Leipzig Exhibition Grounds 莱比锡会展中心	莱比锡	德国	11.130

续表

排名	场馆名称	城市	国家	展览规模（万m²）
35	Essen Exhibition Grounds 埃森会展中心	埃森	德国	11.000
36	Singapore Expo 新加坡会展中心	新加坡	新加坡	10.919
37	Rimini Fiera 里米尼会展中心	里米尼	意大利	10.900
38	KINTEX Goyang/Seoul 韩国国际展览中心	高阳	韩国	10.804
39	BEC Bilbao Exhibition Center 毕尔巴鄂展览中心	毕尔巴鄂	西班牙	10.800
40	Poznan International Fair 波兹南国际展览中心	波兹南	波兰	10.765
41	New China International Exhibition Center 中国国际展览中心（顺义馆）	北京	中国	10.680
42	Stuttgart Exhibition Grounds 斯图加特会展中心	斯图加特	德国	10.520
42	Shenyang International Exhibition Center 沈阳国际展览中心	沈阳	中国	10.520
43	Shenzhen Convention&Exhibition Center 深圳会展中心	深圳	中国	10.500
44	Geneva Palexpo 日内瓦会展中心	日内瓦	瑞士	10.247
45	Ernest N.Morial Convention Center New Orleans 厄尔斯特N.莫里尔会议中心	新奥尔良-路易斯安那州	美国	10.223
46	ExCeL London 伦敦艾克赛尔展览中心	伦敦	英国	10.000
46	Fiere di Parma 帕尔玛会展中心	帕尔玛	意大利	10.000
46	Jaarbeurs Utrecht 乌得勒支会展中心	乌得勒支	荷兰	10.000

注：该排行榜共列出了全球室内总展览面积不小于10万m²的53个场馆。其中，由于国际上对特大型会展建筑的统计数据存在差异，参考国际惯例和德国AUMA、FKM等权威机构的统计数据及各场馆提供的最新数据，排行榜中外国特大型会展建筑规模的主要参考数据为室内总展览规模，中国特大型会展建筑主要参考数据为室内总展览规模或总展览规模。

（来源：AUMA、FKM等机构统计数据及各场馆数据整理绘制，截至2014年）

附录C 中国特大型会展建筑规模排名

中国特大型会展建筑规模排名（总展览规模排名前十五名）　　　表C.1

排名	城市	场馆名称	总展览规模（万m²）
1	上海	国家会展中心（上海）	50.00
2	广州	中国进出口商品交易会琶洲展馆	34.00
3	北京	中国国际展览中心（新国展）	30.50
4	上海	上海新国际博览中心	30.00
5	重庆	重庆国际博览中心	25.80
6	武汉	武汉国际博览中心	19.00
6	广州	广东现代国际展览中心	19.00
7	青岛	青岛国际会展中心	18.00
8	沈阳	沈阳国际展览中心	15.50
9	南京	南京国际博览中心	14.00
10	青岛	青岛国际会展中心	13.90
11	合肥	合肥滨湖国际会展中心	13.60
12	广州	中国进出口商品交易会流花路展馆	13.00
13	义乌	义乌新国际博览中心	12.00
14	郑州	郑州国际会展中心	11.20
15	深圳	沈阳国际展览中心	10.52

（来源：根据各场馆数据整理绘制，截至2014年）

参考文献

[1] 陈剑飞，梅洪元. 会展建筑[M]. 北京：中国建筑工业出版社，2008.

[2] 库施. 会展建筑：设计与建造手册[M]. 卞秉义，译. 武汉：华中科技大学出版社，2014.

[3] 张敏. 中外会展业动态评估年度报告（2012）[M]. 北京：社会科学文献出版社，2013.

[4] 王先庆，戴诗华，武亮. 国际会展之都[M]. 北京：中国社会科学出版社，2014.

[5] 冯学钢，于秋阳，黄和平. 会展业导论[M]. 北京：清华大学出版社，2014.

[6] 刘晓广. 会展概论[M]. 北京：化学工业出版社，2009.

[7] 余卓群. 博览建筑设计手册[M]. 北京：中国建筑工业出版社，2001.

[8] 庄惟敏. 建筑策划导论[M]. 北京：中国水利水电出版社，2001.

[9] 吴良镛. 世纪之交的凝思：建筑学的未来[M]. 北京：清华大学出版社，1999.

[10] 单军. 建筑与城市的地区性——一种人居环境理念的地区建筑学研究[M]. 北京：中国建筑工业出版社，2010.

[11] 中华人民共和国住房和城乡建设部. 展览建筑设计规范：JGJ 218—2010[S]. 北京：中国建筑工业出版社，2010.

[12]《建筑设计资料集》编委会. 建筑设计资料集（第二版）[M]. 北京：中国建筑工业出版社，1994.

[13] 许懋彦，张音玄，王晓欧. 德国大型会展中心选址模式及场馆规划[J]. 城市规划，2003，27（9）：32-39，48.

[14] 许懋彦. 当代德国会展建筑设计[J]. 中国会展，2003（3）：24-26.

[15] 许懋彦，王晓欧，张音玄. 德国大型会展中心建筑设计专题考察[J]. 建筑师，2004（3）：9-18.

[16] 马航，凯·宾夕. 德国的大型会展中心——以斯图加特新会展中心为例[J]. 建筑学报，2007（8）：53-55.

[17] 李映洲. 2001—2008年德国会展研究中文文献综述[J]. 商业研究，2010（5）：136-139.

[18] 杜宇. 会展中心及其会议空间规模探究[J]. 城市建设理论研究，2011（16）.

[19] 杨毅. 特大型会展建筑分析研究[D]. 广州：华南理工大学，2012.

[20] 于航行. 当代复合型会展建筑交通空间设计研究[D]. 青岛：青岛理工大学，2011.

[21] 周振宇. 当代会展建筑发展趋势暨我国会展建筑发展探索[D]. 上海：同济大学，2008.

[22] 周绮芸. 会展建筑设计研究初探[D]. 天津：天津大学，2008.

[23] 李强. 会展建筑空间复合化设计研究[D]. 哈尔滨：哈尔滨工业大学，2008.

[24] 傅婕芳. 大型会展场馆及其与周边配套设施空间关系研究[D]. 上海：上海师范大学，2007.

[25] 林宇光. 大型会展中心功能分析与研究[D]. 广州：华南理工大学，2007.

[26] 张彧. 会展中心的选址规划[D]. 广州：华南理工大学，2007.

[27] 黎少华. 大型会展中心的交通设计[D]. 广州：华南理工大学，2007.

[28] 张音玄. 1990年代以来我国大型会展场馆规划选址研究[D]. 北京：清华大学，2003.

[29] 王晓鸥. 1990年代以来我国大型会展建筑设计研究[D]. 北京：清华大学，2003.

[30] 迟杭. 会展建筑空间适应性研究[D]. 哈尔滨：哈尔滨工业大学，2002.

[31] 许吉航. 会展中心规划研究[D]. 广州：华南理工大学，2000.

[32] 王心公. 会展中心——一种现代都市建筑综合体[D]. 天津：天津大学，2000.

[33] 罗西. 城市建筑学[M]. 黄士钧，译. 北京：中国建筑工业出版社，2006.

[34] 拉普卜特. 建成环境的意义——非语言表达方法[M]. 黄兰谷，等，译. 北京：中国建筑工业出版社，2003.

[35] Fred Lawson. Congress，Convention and Exhibition Facilities. Planning Design and Management [J]. Butterworth-Heinemann，2005.

[36] Altmer Joerg. Messehalle 3 in Frankfurt am Main-eine technische und logistische Herausforderung [J]. Deutscher Beton-und Bautechnik-Verein e. V.（Hg.）：Deutscher Bautechnik–Tag 2003. Vorträge, Berlin，2003.

[37] Bille Ingrid，Ehnes Burkhard，Zieger Harald. Frankfurt Trade Fair Hall. Die neue Mesehalle 3 in Frankfurt am Main [J]. Intelligente Architektur/ AIT Spezial，2002（33）.

[38] Bodenbach Christof. Portalhaus und Messehalle 11，Frankfurt am Main，Deutschland–Auf dem Weg zu einer neuen Messe [J]. Architektur Aktuell，2010（7-8）.

[39] Herzog Thomas. Padiglione fieristico, Hannover [J]. Domus 799，1997（12）.

[40] Siegele Klaus：Gordischer Knoten. Messehalle 11 und Portalhaus West in Frankfurt am Main [J]. Baumeister，2011（1）.

[41] Teufel Stefan. Größte freitragende Messehalle Europas, Der Neubau in Düsseldorf [J]. Stahlbau Nachrichten，2003（1）.

[42] Weinbrenner Karl-Heinz（sg.）. Strukturwandel. Messehalle 11 mit Portalhaus West in Frankurt am Main [J]. XIA-Intelligente Architektur，AIT Spezial 73，2010（10-12）.

[43] Hamburgische Architekten-kammer（Hg.）. Architektur in Hamburg – Jahrbuch 2004[M]. Hamburg，2004.

[44] Huelst Iris van. Architektur Neues Hamburg [M]. Berlin，2004.

[45] Jäger Falk（Hg.）. Unter schwingenden Dächern. Die Neue Messe Stuttgart [M]. Ludwigsburg，2007.

[46] Pöniche Herbert. Die Messe und die Znfte der Stadt Leipzig [M]. Hamburg，1931.

[47] Ritchie Ian. Die Leipziger Glashalle [M]. Bauzeichnungen，London，2007.

[48] Staudach Josh von. Neue Messe Stuttgart 180˚. Panorama Bildband [M].Leinfelden-Echterdingen，2007.

[49] Kamm Oliver（Hg.）. Hascher Jehle Architektur. Thoughts and buildings [M]. München，2009.

[50] Thomas Herzog. Hall 26[M]. Prestel，München，2004.

[51] Jesse Roland（Hg.）. Messen München：Entwurf，Planung，Realisation [M]. München：Prestel，1998.

[52] Brandenburger Dietmar，Denk Andreas：EXPO Architektur Dokumente. Architecture documents. Beiträge zur Welt-ausstellung EXPO 2000 in Hannover：Ideas，Locations，Plans，Projects [M]. Ostfildern-Ruit，2000.

[53] Volkwin Marg. Messe Düsseldorf，Halle 6[M]. Von Gerkan，Marg und Partner，Prestel Verlag，München · London · New York，2001.

[54] Johanek Peter，Stobb，Heinz（Hg.）. Europäische Messen und Marktesysteme in Mittelalter und Neuzeit [M]. Köln，1996.

[55] Marg Volkwin（Hg.）. Halle 8+9[M]. Von Gerkan，Marg und Partner，Messe Düsseldorf，München，2001.

[56] The German Trade Fair Industry：Review 2013 [Z]. Germany：AUMA，2014.

[57] The German Trade Fair Industry：Review 2014 [Z]. Germany：AUMA，2015.

[58] Certified Exhibition Data 2012/2013/2014[Z]. Germany：FKM，2013-2015.

[59] Euro fair statistics 2012/2013/2014 [Z]. Germany：FKM，2013-2015.

[60] AUMA-MesseTrend 2008/2009/2010/2011/2012/2013/2014[Z]. Germany：AMUA，2008-2015.